渗透检测技术

主　编　张咏军
副主编　曹　艳
主　审　王永红

北京理工大学出版社
BEIJING INSTITUTE OF TECHNOLOGY PRESS

内容简介

本书可作为高等院校理化测试与质检技术（无损检测方向）专业学生的教材，也可作为无损检测及相关专业的工程技术人员及管理人员使用的参考教材或系统培训教材。

全书包含9个学习情境，依次是渗透检测概述、渗透检测物理基础、渗透检测材料、渗透检测设备、渗透检测步骤与工艺、显示的解释和缺陷的评定、质量控制及卫生与安全技术、渗透检测技术应用、渗透检测工艺实践；同时附以典型缺陷图谱和相关标准资源包，有助于学生在实际检测工作中认识及甄别缺陷，熟悉渗透检测文件体系。

本书内容精练，文字内容和视频资源相互映衬，通过不同标识可有效区分核心关键点，通过配套题库可完成考核评价，有助于强化技术应用，强调标准规范。

图书在版编目(CIP)数据

渗透检测技术 / 张咏军主编. -- 北京 : 北京理工大学出版社, 2023.11

ISBN 978 - 7 - 5763 - 3170 - 7

Ⅰ. ①渗… Ⅱ. ①张… Ⅲ. ①渗透检验 - 高等学校 - 教材 Ⅳ. ①TG115.28

中国国家版本馆 CIP 数据核字(2023)第 232926 号

责任编辑：钟　博　　**文案编辑**：钟　博
责任校对：刘亚男　　**责任印制**：李志强

出版发行 / 北京理工大学出版社有限责任公司
社　　址 / 北京市丰台区四合庄路6号
邮　　编 / 100070
电　　话 / (010) 68914026（教材售后服务热线）
　　　　　　(010) 68944437（课件资源服务热线）
网　　址 / http://www.bitpress.com.cn

版 印 次 / 2023 年 11 月第 1 版第 1 次印刷
印　　刷 / 河北盛世彩捷印刷有限公司
开　　本 / 787 mm × 1092 mm　1/16
印　　张 / 12.5
彩　　插 / 4
字　　数 / 301 千字
定　　价 / 69.00 元

前 言

本书是一本为培养具备无损检测专业基础的技术技能型人才，有效促进无损检测专业教学和培训的系统化而编写的新形态教材，是多年专业教学的实践成果，对教学活动的开展具有积极的现实意义和良好的借鉴作用。

为深入贯彻落实党的二十大精神，助推人才强国战略，本书采用情境式模块化教学方式，整体划分为基础理论、检测工艺、标准规范、技术应用4个方面的内容，重点培养学员的渗透检测基本操作与典型零件评定能力、渗透检测技术与质量控制管理能力，从创设情境激发兴趣、启发引导主动探求、分析探究掌握核心、评价学习导向激励、反思总结完善提高等维度提升学生的职业素养，使学生获得必备的专业知识储备。

全书分为9个学习情境，依次是渗透检测概述、渗透检测物理基础、渗透检测材料、渗透检测设备、渗透检测步骤与工艺、显示的解释和缺陷的评定、质量控制及卫生与安全技术、渗透检测技术应用、渗透检测工艺实践，同时附以典型缺陷图谱和相关标准资源包，有助于学习在实际检测工作中认识及甄别缺陷，熟悉渗透检测文件体系。

本书文字内容和视频资源相互映衬，有利于知识的传递与表达，可有效促进学生认知体系的构建和专业成长；关键点采取不同标识，使学生能够快速把握核心要点和精神实质；配套测试题库能够使学生进一步强化巩固专业知识，有效完成自我评价。

本书可作为高等职业院校理化测试与质检技术（无损检测方向）专业学生的教材，也可作为无损检测及相关专业的工程技术人员及管理人员使用的参考教材或系统培训教材。

本书具有以下特色。

(1) 立足无损检测职业岗位特色，为学生提供最实用的专业标准与规范。

(2) 属于情境式模块化教材，学员可根据需求灵活选择学习内容。

(3) 依托丰富的视频资源与网络平台，拓展学习，提升提质。

(4) 对接资格认证模式要求，以典型工件渗透检测技术应用为载体，以典型渗透检测工艺为实践重点，将标准工艺、质量控制、方法条件、检测评价充分融合。

(5) 每个学习情境模块对应知识储备、提问与回答、项目测试的课堂三部曲活动，以及综合训练与模拟考核，做到教学效果可评可测。

(6) 引入职业素养要求与典型检测案例，通过引领与启发、分析与探究、评价与总结的环节设计，从表象深入核心，从知识储备扩展至技术应用，从专业精神引伸出育人思想，使学生在层次递进中感知体会双向内涵。

（7）遵循学生职业能力培养的基本规律，遵循渗透检测的工作规范和质量标准，充分体现对接岗位、融入标准、以学生为中心的高职教育特色。

本书由西安航空职业技术学院张咏军担任主编，由长沙航空职业技术学院曹艳担任副主编，由西安航天发动机有限公司首席工艺师王永红研究员担任主审。

由于编者水平有限，书中的疏漏和不足之处在所难免，欢迎读者提出宝贵的意见和建议，在此表示诚挚的感谢。

编　者

目 录

学习情境1
渗透检测概述

【情境引入】

渗透检测是应用性很广的一种常规无损检测方法，遍及现代工业的各个领域，是评价工程材料、零部件和产品的完整性、连续性，实现质量管理，节约原材料，改进工艺，提高劳动生产率的重要手段，在产品制造和维修中是不可缺少的组成部分。例如，客梯车不慎与飞机客舱门撞击，利用渗透探伤可以精确检测出撞击引发裂纹的长度、方向，既可以指明修理的方向，又可以保证修理的质量。

视频：飞机是如何体检的？

视频：无损检测的目的、应用及常规方法

【情境目标】

学习目标

1. 知识目标

（1）掌握渗透检测的基本原理；

（2）了解渗透检测的发展历史；

（3）掌握渗透检测的方法分类；

（4）掌握渗透检测的优点和局限性。

2. 能力目标

（1）储备核心知识，提升专业素养；

（2）增强应用能力及创新能力。

素养目标

（1）具有严谨科学、精益求精的专业精神；

（2）树立良好的质量意识和责任意识。

【知识链接】

➢ 分解任务

（1）渗透检测的基本原理是什么？

（2）渗透检测是如何进行分类的？

（3）渗透检测具备哪些优点和局限性？

➢ 知识储备

视频：渗透检测

1. 渗透检测的基本原理

渗透检测（Penetrant Testing，PT）是以毛细现象为基础，检测与表面相通缺陷的无损检测方法。

渗透检测原理示意如图 1－1 所示。图中被检工件上表面存在开口缺陷，首先将液体染料通过浸渍、喷涂或刷涂等方法施加于工件表面，停留一定时间，液体就会利用毛细作用渗入表面开口的细小缺陷；然后，去除工件表面多余的渗透液，只留下渗透到缺陷内的染料；再施加显像剂，留在缺陷内的渗透液在毛细作用下被拉回工件表面形成显示；最后进行目视检验，检查和评估任何可见的染料指示，以此评价产品的质量状况。

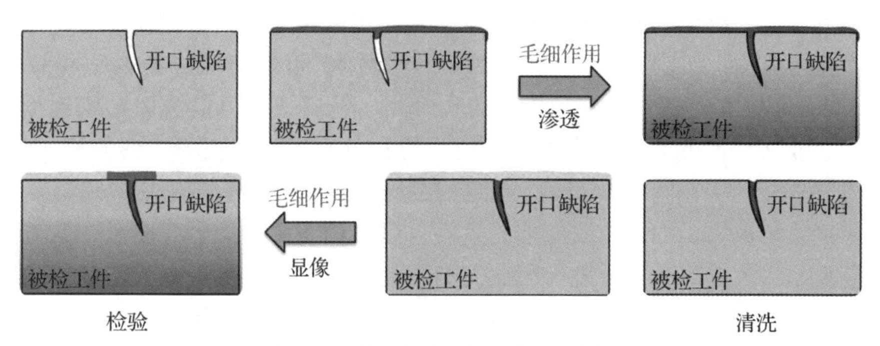

图1－1　渗透检测原理示意（附彩插）

渗透检测是一种经济、有效、结果显示直观的无损检测方法，也是一个多流程、多参数控制的检测过程，需要选取合适的检测材料、检测方法和检测技术，做好质量控制并判断好检测条件，使渗透检测能以高的置信水平和检出率检出裂纹等不连续。渗透检测多流程操作如图1－2所示。

图1－2　渗透检测多流程操作（附彩插）

视频：渗透检测的发展历史

2. 渗透检测的应用与发展

渗透检测是最早被人们采用的一种无损检测方法，它经历了4个发展阶段，如图1－3所示。

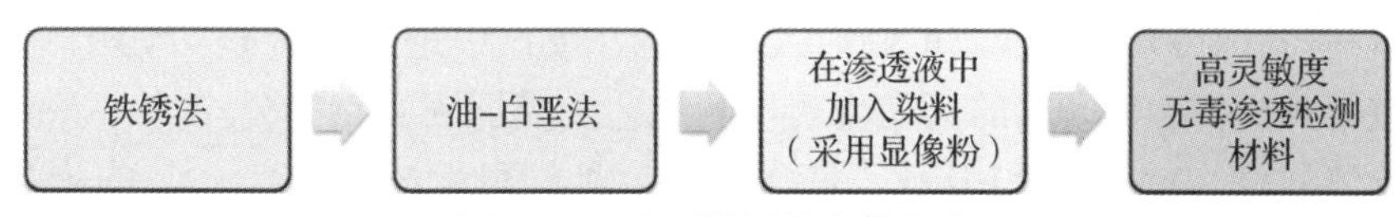

图1－3　渗透检测的发展历史

渗透检测始于19世纪初，早期应用称为“铁锈法”，依靠的是经验。户外存放的钢板如果存在裂缝，则水渗入裂缝形成铁锈，裂缝上的铁锈比其他地方要多。检验人员可根据铁锈的分布位置、形貌和状态，判断钢板是否存在裂缝。铁锈法在检测其他材料时受到了限制，而且可靠性不高。

紧接着出现了“油－白垩法”，这是早期的图形检测方法，是公认的最早应用的一种渗透检测方法。油－白垩法中白垩（粉）与石灰石（汉白玉）的主要成分都是碳酸钙，其化学式为$CaCO_3$；从化学成分上无法分辨二者的区别，但白垩（粉）质地更柔软。油－白垩法的检测步骤如下：首先将重油和煤油的混合液施加于受检试件的表面，停留几分钟以后，将表面的油去除，然后再涂以“酒精＋白垩（粉）”混合液，酒精挥发后，裂纹中的油被吸附到白色的白垩（粉）涂层上，形成油痕显示。

19世纪30年代以前，渗透检测技术发展很慢。随着工业的发展，特别是航空制造业的发展，许多有色金属和非铁磁性材料得到越来越广泛的应用。因此，人们把注意力再次集中到油－白垩法。19世纪30年代到40年代初期，美国工程技术人员R. C. Swiitzer等对渗透液进行了大量的试验研究。他们把着色染料加入渗透液中，配制着色渗透液，增加了渗透检测时缺陷显示的颜色对比度；把荧光染料加入渗透液，配制荧光渗透液，采用显像粉显像，并且在暗室里使用黑光灯观察缺陷显示。渗透液＋显像剂系统放大了细微裂纹缺陷的宽度，同时荧光渗透液的亮度反差或着色渗透液的颜色反差大大提高了可见度，因此，肉眼能够清楚地看到荧光或着色的裂纹迹痕及其数量、形貌和位置，从而显著提高了渗透检测灵敏度，使渗透检测进入一个崭新的阶段。当今，渗透检测所用材料与20世纪初检测人员首次使用的“煤油＋白垩（粉）”渗透检测材料相比要复杂得多。

对于我国而言，渗透检测的发展经历了3个阶段，如图1－4所示。20世纪50年代，我国渗透检测沿用苏联的体系；从20世纪60年代开始自力更生进行研制；到了20世纪70年代，研制出微米级宽度裂纹，其灵敏度接近国外同类型水平。

素养育人1：
自力更生，自立自强

图1－4　我国渗透检测的发展阶段

从20世纪50年代开始，我国实施第一个五年计划。在苏联的援助下，我国将渗透检测作为一项独立的无损检测技术首先应用于飞机制造工业。当时，我国主要沿用苏联航空工业应用的渗透检测材料，所采用的荧光渗透液由煤油和滑油组成，荧光亮度很低，发光强度只有10 lx左右，检测灵敏度也很低，渗透检测工艺很落后。20世纪70年代，我国迎来改革开放的新时代。我国从英国引进航空斯贝发动机制造技术，同时引进了英国罗·罗公司的荧光渗透检测工艺及英国阿觉克斯公司（Ardrox）的荧光渗透检测器材。20世纪80年代，我国开始对外转包生产项目——从美国转包生产波音飞机零部件，从法国转包生产空客飞机零部件，从法国引进核电站制造技术等，同时引进了美国波音公司及法国空客公司的荧光渗透检测工艺及美国磁通（Magnaflux）公司、美国歇尔温（Sherwin）公司的荧光渗透检测器材等。这些引进及转包生产工作使我国的荧光渗透检测工艺技术上了一个新台阶。在该阶段，我国渗透检测一直处于引进、消化、实施国外渗透检测技术的过程。

自20世纪90年代起，我国在引进、消化、实施欧美国家渗透检测技术的过程中，也不断改进及提高了自己的渗透检测技术。20世纪90年代初，为了满足国内航空制造业的荧光渗透检测需要，我国几家单位协作研制成功新的荧光染料、自乳化型荧光渗透液和后乳化型荧光渗透液等系列产品，性能都达到国外同类产品的水平，投放市场并得到广泛应用。20 世纪 90 年代以来，我国渗透检测各类标准不断发行与完善，为广大检测工作者提供了有力的依据。

总之，有需求就有变化，我国渗透检测设备进一步系列化、标准化，新材料的开发、综合性能进一步提升，检测工艺进一步完善，检测标准质量进一步提高。

提出问题 1：表面裂纹和内部裂纹相比，你认为哪个的危险性更大？

渗透检测方法是分类别的，图 1－5、图 1－6 所示是同样的工件采用不同的渗透检测方法所形成的检测结果。很显然，荧光渗透检测的灵敏度高于着色渗透检测的灵敏度，其检测结果的识别性更好。

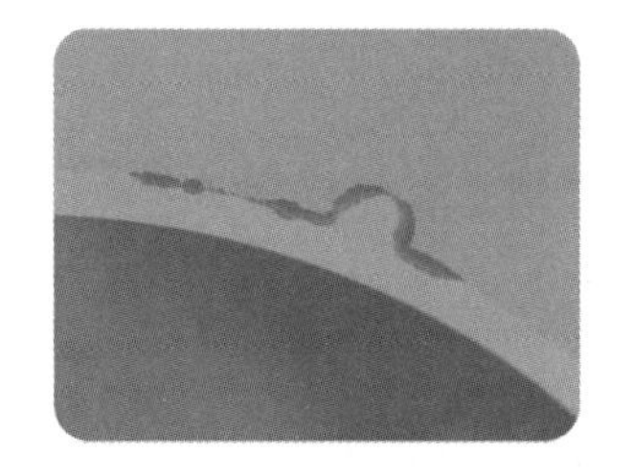

图 1－5　着色渗透检测（附彩插）

图 1－6　荧光渗透检测（附彩插）

3. 渗透检测方法的分类

渗透检测方法主要是根据渗透液所含染料成分、表面多余渗透液的去除方法，以及显像方法分类，如图 1－7 所示。

图 1－7　渗透检测方法分类

视频：
渗透检测的分类

1）根据渗透液所含染料成分分类

按照渗透液所含染料成分，渗透检测方法分为着色法和荧光法。着色法如图 1－8 所示，简称DPI，D（dye）是染色的意思，其渗透液含有红色染料，可在白光或日光下观察缺陷显示；荧光法如图 1－9 所示，简称FPI，F（fluorescence）是荧光的意思，其渗透液含有荧光染料，可在紫外线照射下观察黄绿色荧光缺陷显示。

图 1－8　着色法（附彩插）

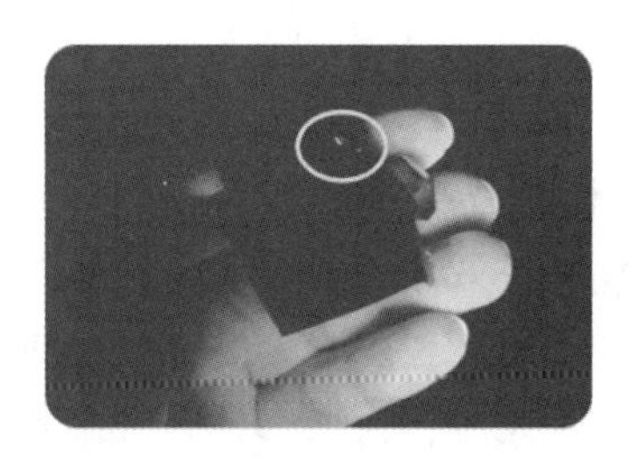

图 1－9　荧光法（附彩插）

荧光着色法兼具荧光法和着色法的特点，但它并非使用着色、荧光两种染料，因为着色染料会破坏荧光分子结构，产生不发光影响，所以它含有具备双重特性、双重灵敏度的染料。

【强调】由于航空产品系统构成复杂，很小的疏忽就可能导致较为严重的质量问题，所以国军标规定航空产品不允许使用着色法。

2）根据表面多余渗透液的去除方法分类

按照表面多余渗透液的去除方法，渗透检测方法分为水洗型、后乳化型、溶剂去除型三大类。水洗型渗透液含有一定量乳化剂，表面多余渗透液可直接用水清洗掉；后乳化型渗透液不含乳化剂，不能直接用水清洗掉表面多余渗透液，需要增加乳化工序，再用水清洗；溶剂去除型渗透液也不含乳化剂，表面多余渗透液采用有机溶剂擦洗，常用有机溶剂包括酒精、丙酮等。

提出问题2：水洗型、后乳化型和溶剂去除型三大类渗透检测方法中，哪类渗透液的成分相似？

3）结合渗透液所含染料成分和表面多余渗透液的去除方法分类

将渗透液所含染料成分和表面多余渗透液去除方法进行有效结合，渗透检测方法的分类如表1-1所示。代号中F是fluorescence，代表荧光；V是visual，代表目视。Ⅰ类A称为Ⅰ类方法A，其他依此类推。由于乳化方式不同，后乳化型荧光渗透检测具体化分为亲油性和亲水性两种，其中亲水性更易处理，也更安全；溶剂去除型着色渗透检测使用最多，可在无水、无电、野外状态下使用。

表1-1　结合渗透液所含染料成分和表面多余渗透液去除方法分类

方法名称	方法代号	GJB 2367A 代号
水洗型荧光渗透检测	FA	Ⅰ类A
亲油性后乳化型荧光渗透检测	FB	Ⅰ类B
溶剂去除型荧光渗透检测	FC	Ⅰ类C
亲水性后乳化型荧光渗透检测	FD	Ⅰ类D
水洗型着色渗透检测	VA	Ⅱ类A
后乳化型着色渗透检测	VB	Ⅱ类B
溶剂去除型着色渗透检测	VC	Ⅱ类C

4）根据显像方法分类

根据显像方法，渗透检测方法的分类如表1-2所示。最常用的方法是非水基湿显像法和干粉显像法两大类，非水基湿显像法的灵敏度高于干粉显像法。干粉显像法主要用于荧光法，施加白色干粉，形成均匀的薄层覆盖，批量检测效果好；水基湿显像法的显像剂载液是水，其中水溶性湿显像剂背景淡、颗粒小；非水基湿显像法的显像剂载液是有机溶剂，由于其挥发性强，故也称为速干式显像剂，需要应用擦拭技术。其中，d型用于荧光法，e型用于着色法；特殊显像剂是指塑料薄膜显像剂、化学反应型显像剂等；自显像法不施加显像剂，但要求给出足够的回渗时间。

表1－2 根据显像方法分类

方法名称	所用的显像剂	方法代号	GJB2367A代号
干粉显像法	干粉显像剂	D	a
水基湿显像法	水溶性湿显像剂	A	b
	水悬浮性湿显像剂	W	c
非水基湿显像法	非水基显像剂	S	d
			e
特殊显像法	特殊显像剂	E	f
自显像法	不用显像剂	N	—

提出问题3：总体而言，着色法要求背景覆盖层相对厚，荧光法要求背景覆盖层薄而淡，那么按显像方法分类，不能与着色法配合使用的渗透检测有哪些？

提出问题4：显像方式不是干就是湿，对于粗糙表面应该如何有效选择？

视频：
渗透检测的特点

4. 渗透检测的特点

无损检测作为控制产品质量、保证在役设备安全运行的重要手段，其重要作用有赖于无损检测方法的正确选择和检测结果的可靠性。任何无损检测方法都有适应性和局限性，渗透检测也同样如此，需要面对不同的对象，正确选择渗透检测方法和时机才能成功。

知识点1：开口缺陷

1）渗透检测的优点

（1）渗透检测可以检查各种非疏孔性材料表面开口缺陷。

【备注】疏孔性即多孔性，比如陶土烧制成的陶砖、未上釉的陶瓷，通体富含大量均匀细密的开放性气孔。

（2）渗透检测可以检测任何结构类型的零件，不受材料组织结构和化学成分的限制，广泛用于铁磁性和非铁磁性、锻件、铸件、焊接件、机加工件、粉末冶金件、陶瓷、塑料和玻璃制品的表面裂纹、折叠、冷隔、疏松等缺陷检测。

知识点2：多孔性材料

（3）渗透检测具有较高的检测灵敏度。据有关资料介绍，渗透检测的检测灵敏度最高可达0.1 μm（指的是宽度）。

【备注】常用渗透检测系统的检测灵敏度为1 μm数量级。AMS－2644《检验材料渗透液》、ISO 3452《无损检测 渗透检测》、GB/T 18851《无损检测 渗透检测》等标准要求，超高灵敏度的渗透检测材料应清晰地显示宽0.5 μm、深10 μm、长1 mm左右的细微裂纹。

（4）渗透检测显示直观，容易判断，比如可确定缺陷位置，进行有效长度测量。

（5）渗透检测对零件进行一次性检测可以覆盖所有表面，检出任何方向的缺陷。

2）渗透检测的局限性

（1）渗透检测不能有效检出开口封闭的缺陷，如污染物造成的堵塞，喷丸、抛光和研磨等机械处理造成的堵塞等，只有在开口完全暴露时渗透检测才有效。

（2）渗透检测不适用于检查多孔性材料制件。非致密结构会导致制件吸附大量渗透液，出现过重背景，无法有效检测。

（3）渗透检测不适用于检测表面粗糙工件。粗糙表面和孔隙容易形成渗透液存留，会产生附加背景，干扰检测结果的识别，难以做出有效评价。

（4）渗透检测可以检出缺陷的分布，但难以确定缺陷的实际深度和确切定量评价大小。只能依靠经验，根据渗透液的渗出量大概进行深度评价，以此确定返修的可能性。

素养育人2：渗透检测操作人员的专业素养

（5）渗透检测结果受操作人员的影响较大。操作人员的整体状态、视力差异都会给渗透检测带来很大影响。渗透检测对操作人员的经验、知识水平要求较高，同时要求操作人员具备良好的道德规范，避免惯性思维。

项目测试

班课活动（扫码测试）

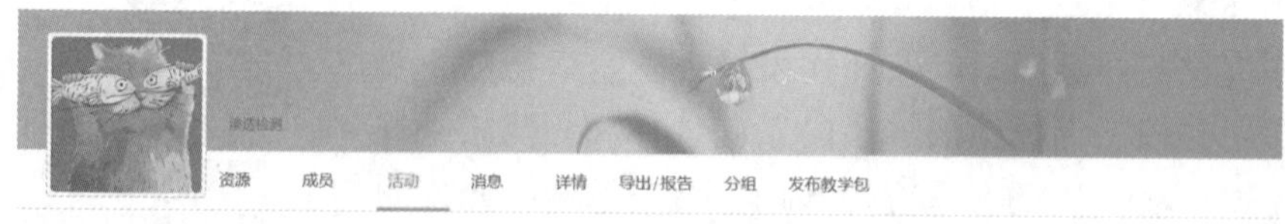

教学课件库（扫码看课件）

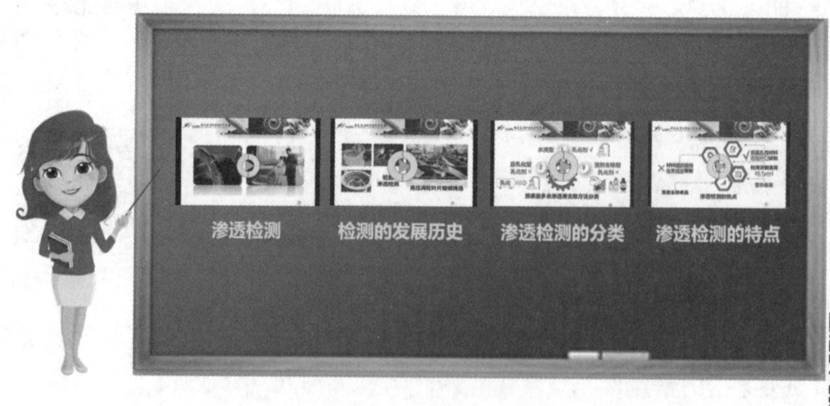

第1讲电子课件

学习报告单

教学内容	学习情境 1　渗透检测概述（2 学时）
教学活动	班课考勤、知识储备、通道讨论、项目测试、自我评价
智能助学	无敌好 资源 成员 活动 消息 详情 导出/报告 分组 发布教学包
知识储备 任务拓展 （学员填写）	

班课评价

考核内容	资源学习	班课考勤	直播讨论	项目测试	老师点赞加分	课堂表现
权重比	40%	10%	20%	20%	5%	5%
系统分值						

双向评价 （自我评价 & 教师评价）			
报告人 （学号姓名）		报告日期	年　　月　　日

学习情境2
渗透检测物理基础

【情境引入】

在渗透检测中，无论是渗透液向表面开口细小缺陷渗入，还是渗透液从缺陷内部吸出而构成直观显示，都离不开毛细作用的神奇“微”力。渗透检测的材料、工艺和流程的设计都是为了促进毛细作用，并使毛细作用的结果可视且便于解释。在渗透去除过程中，需要通过恰当的乳化和冲洗过程，去除工件表面多余渗透液，而有效保留渗入缺陷内部的渗透液，这离不开乳化作用的神奇“亲和”力。

【情境目标】

学习目标

1. 知识目标

（1）熟悉渗透检测的表面化学基础知识；

（2）熟悉渗透检测的光学基础知识；

（3）掌握渗透检测的基本原理。

2. 能力目标

（1）储备核心知识，提升专业素养；

（2）增强应用能力及创新能力。

素养目标

（1）具备严谨科学、精益求精的专业精神；

（2）树立良好的质量意识和责任意识。

【知识链接】

课前回顾

班课活动（扫码答问题）

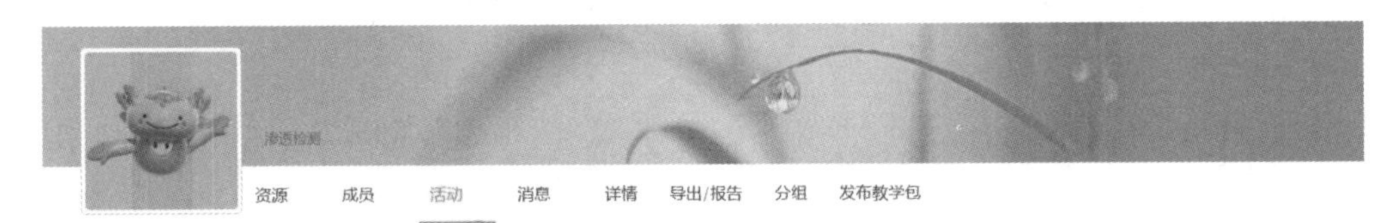

提问与回答

模块一　毛细作用

➢ 分解任务

（1）什么是表面张力？表面张力是如何形成的？
（2）什么是润湿现象？造成两种互斥物理现象的原因是什么？
（3）什么是毛细作用？毛细作用如何表征？

视频：表面张力

➢ 知识储备

1. 表面张力

进入实验环节，把一条细棉线的两端系在铁环上，使细棉线处于略微松弛的状态，然后将铁丝环浸入肥皂液，拿出时铁环上就留下一层肥皂液薄膜，此时肥皂液薄膜上的细棉线仍然是松弛的，用其他物体刺破细棉线某一侧的肥皂液薄膜，可以看到另一侧的肥皂液薄膜依然完好，并且细棉线被拉伸至紧绷状态。观察水滴落下，水面没有破裂，只是被拉伸，再将水滴弹回空中，水面上就像有一层弹性薄膜。以上实验观察，说明液体表面有收缩的趋势（要收缩到表面积最小），这是液体表面的表面张力作用的结果。

如图2－1所示，正是液体表面神奇的表面张力作用，使有些小昆虫能无拘无束地在水面上行走自如；正是液体表面神奇的表面张力作用，使雨水不会从伞布的孔中流出；正是液体表面神奇的表面张力作用，使肥皂液被吹出美丽的泡泡。

图2－1　神奇的表面张力作用

想一想，在不同形状的几何体中，哪种几何体的表面积最小？很显然，答案是球体。联系生活中的实例，如图2－2所示，液面上的露珠呈球形，玻璃板上的水银珠由于重力作用呈扁圆形，苹果上晶莹剔透的水滴也呈球形，这说明液体表面有收缩到球形的趋势，即收缩到表面积最小的趋势，而且表面积的改变会引起内能的改变，能量越小越稳定。

什么是表面张力？存在于液体表面，促使液体表面收缩的力称为液体的表面张力。液体与气体或另一种介质（如盛装液体的容器壁）接触的交界面称为液体表面。

图2－2　生活中表面张力的实例

表面张力会让不同形态的物体在接触时尽可能产生最小的接触面积。那么，液体表面为什么会存在表面张力？这是由液体的分子特点决定的。液体表面附近薄层内的分子，其情况与液体内部的分子不同，会产生特殊的表面现象。我们知道，自然界中的物质是以气、液、固三种形态存在的，并由运动着的分子所组成，分子间存在分子间作用力，其由引力和斥力组成。分子的有效作用半径如图2－3（a）所示。

情况1：分子间斥力大于引力，分子间作用力表现为斥力，如图2－3（b）所示。

情况2：分子间引力大于斥力，分子间作用力表现为引力，如图2－3（c）所示。这就像要把弹簧拉开些，弹簧反而表现出收缩的趋势。

情况3：分子间作用力几乎可以忽略，如图2－3（d）所示。

总之，引力对抗拉伸，斥力对抗压缩。

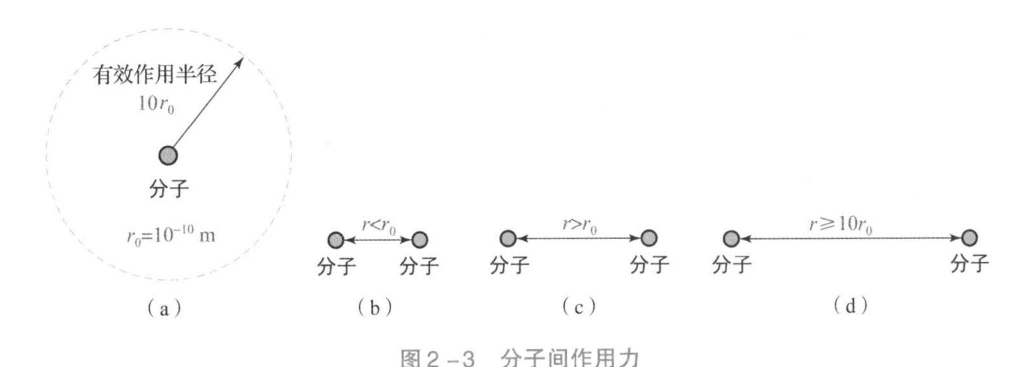

图2－3　分子间作用力

（a）分子的有效作用半径；（b）斥力；（c）引力；（d）可以忽略

表面张力是如何形成的？如图2－4所示，液体与气体接触的表面存在一个薄层，叫作表面层，这个薄层的厚度等于分子的有效作用半径。表面层中的分子比液体内部稀疏，分子间的距离比液体内部大一些，分子间的相互作用表现为引力。对于液体内部分子A，由于它所受相邻分子的引力指向不同，引力相互抵消，因此作用合力为零。对于液体表面层的分子B而言，已有小部分进入气相，气相中的分子间距大，故引力小，而液体分子间距小，故引力大。因此，分子间相互作用力表现为引力，这就是表面张力。对于液体表面层的分子C而言，已有大半超出液体的表面，因此受到的表面张力更大。

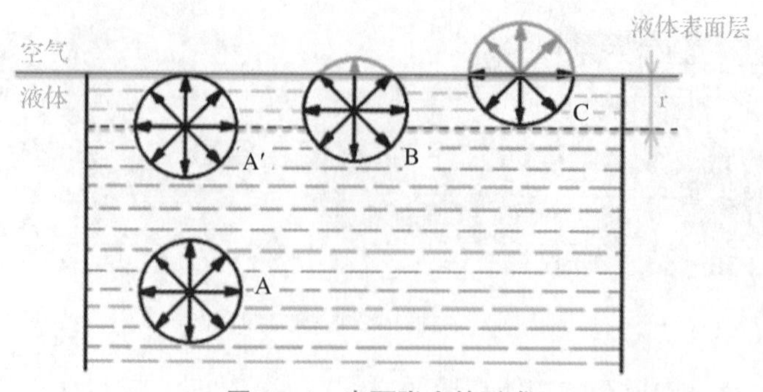

图 2-4　表面张力的形成

表面张力的方向如何？设想细棉线被拉伸至紧绷的状态，说明表面张力平行于液体表面，并在液体表面内垂直于液面的分界线。液体表面类似张紧的橡皮膜，当橡皮膜张紧后，它所受的张力方向当然是与表面平行的。如果用刀在橡皮膜上割一个口子作为分界面，那么这个口子会张开，张开的原因就是表面张力把割开部分向两侧拉，它的方向和分界面是垂直的。

液体的表面张力是表征液体性质的一个重要参数，一般用表面张力系数 α 衡量其大小，液体表面张力系数小，液体表面能小，液体容易挥发。测量液体的表面张力系数有多种方法。

在表面张力现象中看到，在表面张力作用下液体表面出现收缩，则第 1 种定义方式表示为“液体表面单位长度所受的拉力”，单位是牛顿/米（N/m），这是从力的平衡角度进行的有效定义，即

$$\alpha = \frac{f}{L} \tag{2.1}$$

式中　f——表面张力；

L——液体表面边界线长度。

【备注】1 dyne/cm（达因/厘米）$=10^{-3}$ N/m。

液面积增加势必要克服拉力做功，则第 2 种定义方式表示为“液面增加单位面积所需的功”，单位是焦耳/米^2（J/m^2），这是从做功的角度进行的有效定义，即

$$\alpha = \frac{\Delta W}{\Delta S} \tag{2.2}$$

式中　ΔW——外力所做的功；

ΔS——液面积的增量。

表面张力系数的影响因素包括液体的种类、液体的温度、液体的浓度和液体的杂质含量，其性质表现如下。

（1）液体不同，表面张力系数就不同。密度小、容易挥发的液体表面张力系数小，如丙酮、酒精的表面张力系数要比水银的表面张力系数小。

（2）表面张力系数随着温度的升高而减小，近似一种线性的关系。如同一种液体在高温时比在低温时表面张力系数小。

（3）表面张力系数的大小与相邻物质的化学性质有关。在相邻物质的化学性质不

同时，表面张力系数也会发生变化。

（4）表面张力系数与杂质有关。含有杂质的液体比纯净的液体表面张力系数小，因为加入杂质能显著改变液体的表面张力，如肥皂能使表面张力系数减小，让水的表面张力减小到纯水的1/3。

提出问题1：常用液体材料“水、丙酮 、乙醇、煤油、乙醚”中，哪种液体材料的表面张力系数最大？

2. 润湿现象

渗透检测的作用原理是毛细作用，而产生毛细作用的先决条件则是良好的润湿，因为只有渗透液充分润湿工件表面才能有效渗透，只有渗透液充分润湿显像剂才能有效吸出。润湿也称为润湿现象，如图2－5所示。

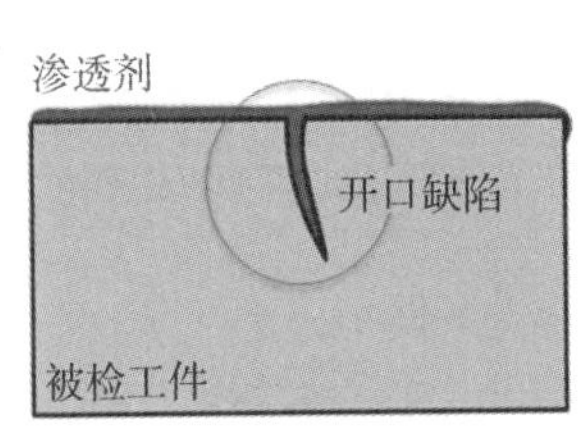

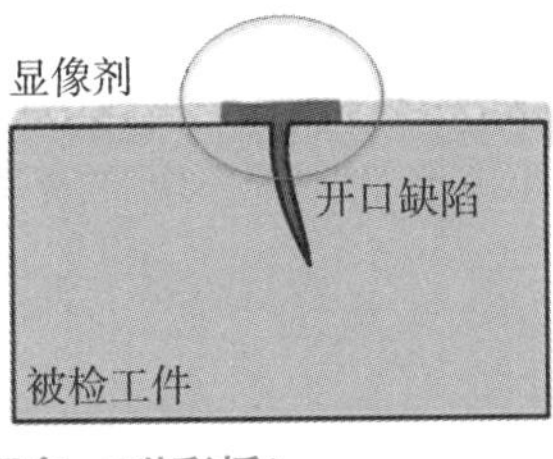

视频：润湿现象

图2－5 润湿现象（附彩插）

毛细作用是液体表面对固体表面的引力，当两个表面接触时，会出现两种不同的情况。

生活实例1：水滴在光洁玻璃板上，沿板面慢慢散开，即液体附着层沿固体表面扩展。

生活实例2：水银滴在玻璃板上，收缩成水银珠，即液体附着层沿固体表面收缩。

在以上生活实例中，明显形成附着与不附着、浸润与不浸润的两种互斥物理现象（图2－6）。

造成两种互斥物理现象的原因是什么呢？下面先明确几个基本概念。

（1）附着层——液体与固体的交界面厚度等于分子有效作用半径的一薄层液体，相当于液体与气体交界处的液体表面。

（2）内聚力——液体内部分子对附着层内液体分子的引力。

（3）附着力——固体分子对附着层内液体分子的引力。

浸润现象的原因：在附着力大于内聚力的情况下，附着层分子所受的合力与附着层垂直，并指向固体，此时液体分子要尽量挤入附着层，结果使附着层扩展，因此使附着层沿固体表面延展，从而将固体润湿。

不浸润现象的原因：在附着力小于内聚力的情况下，附着层分子所受的合力与附着层垂直，并指向液体，此时附着层分子要尽量挤入液体，结果使附着层收缩，因此表现为液体不润湿固体。

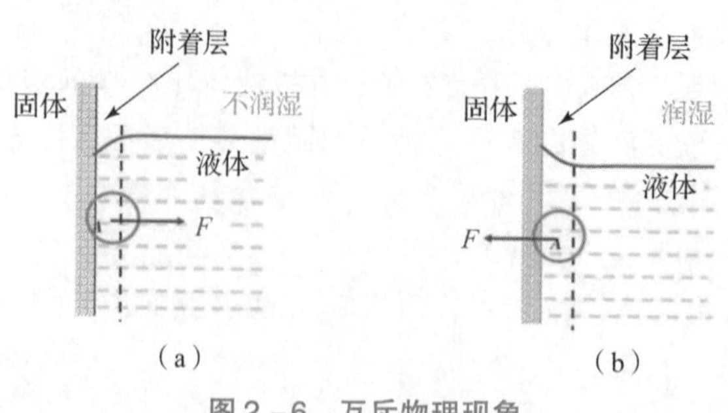

图 2-6 互斥物理现象

(a) 附着力 < 内聚力; (b); 附着力 > 内聚力

为了能定量地讨论润湿问题，表征液体对固体表面的润湿性能，引入接触角的概念。从液/固界面经过液体内部到达液体界面切线的夹角称为接触角 θ。接触角越小，说明液体对固体表面润湿能力越好。

如图 2-7 所示，明显可以看到，液体对固体表面润湿的，接触角 $\theta<90°$；液体对固体表面不润湿的，接触角 $\theta>90°$。如果 $\theta=180°$，即收缩成球，称为液体对固体表面完全不润湿；如果 $\theta<5°$，意味着液体在固体表面扩展成平面，称为液体对固体表面完全润湿。

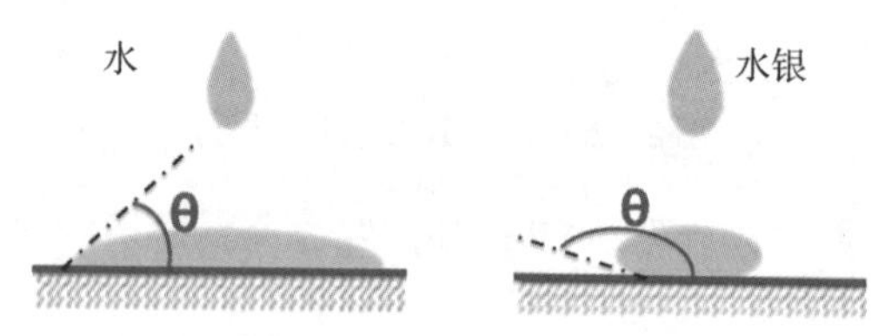

图 2-7 润湿与不润湿

重要结论 1：同一种液体，对不同的固体来说，可能润湿，也可能不润湿。例如：水能润湿无油脂的玻璃，但不能润湿石蜡；水银不能润湿玻璃，但能润湿干净的锌板。

重要结论 2：液体的表面张力与液体对固体表面的接触角成正比。表面张力大，收缩趋势增强，意味着液体对固体表面的接触角越大。

【总结】渗透液的润湿性能是渗透液的重要指标，是表面张力和接触角两种物理性能的综合反映。进行渗透检测时，要求渗透液的接触角不大于 5°。

3. 毛细作用（扫码看视频）

视频：毛细作用

视频：毛细现象

扫描右侧二维码观看视频，将一组粗细不同的玻璃管插入装有水的容器，管内液面自动上升，并高于槽中液面，且管越细液面上升越高。如果将玻璃管插入水银则结果正好相反，管内液面下降，并低于槽中液面，且管越细液面下降越低。由此，构成了两种不同的液面状态。这种润湿液体在毛细管中呈凹面上升、不润湿液体在毛细管中呈凸面下降的现象称为毛细现象。

毛细现象在日常生活中是很常见的，如植物茎内导管吸收土壤中的水分、砖块吸水、毛巾吸汗、钢笔吸墨水等，这些现象都是毛细作用的结果。密集发达的根系、孔隙，交织的棉丝等，这些材料或生理结构形成了毛细管（内径小于 1 mm 的管称为毛细管），在毛细作用下液体得以克服地球的引力，顺着材料逐渐上升。同理，当纸和水接触后，水会通过毛细现象在很短的时间内浸润到纸张的缝隙中，改变纸张的张力和形状，"纸花"便盛开了。

"润湿凹升""不润湿凸降"的原因是什么？其原因全在于液体表面张力和曲面内外压强差的作用。液体表面类似张紧的橡皮膜，如果液面是弯曲的，它就有变平的趋势。这是因为弯曲液面的面积比平液面大，在表面张力作用下力图缩小为平液面，因此凹液面对下面的液体施以拉力，凸液面对下面的液体施以压力，正是力的作用引起了液体的上升或下降。弯曲液面对液体内部产生的拉应力和压应力称为附加压强。

毛细现象机理如图 2－8 所示。润湿液体在毛细管中的液面呈现凹形，表面张力使液体沿着管壁上升，当向上的拉力与管内液柱所受的重力相等时，管内的液体停止上升，达到平衡；不润湿液体在毛细管中的液面呈现凸形，表面张力使液体沿着管壁下降，当向下的拉力与管内外压强差产生的压力平衡时，管内的液体停止下降。

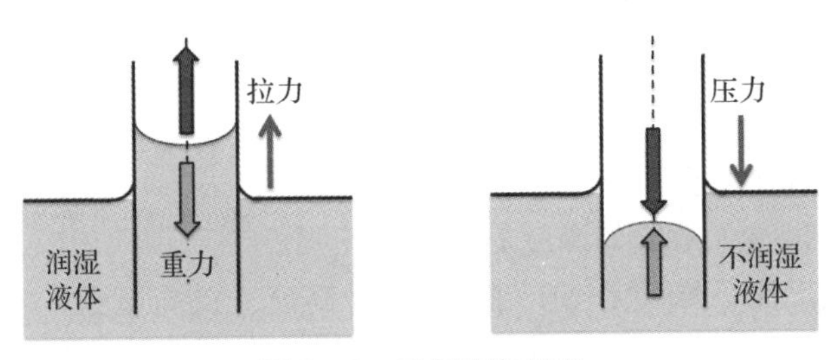

图 2－8　毛细现象机理

（1）毛细作用又称为毛细现象，管内的液体上升高度越大，则毛细作用越强，渗透能力越好，检测灵敏度提高。

毛细管内液面高度公式为

$$h=\frac{2\alpha\cos\theta}{r\rho g}\text{(柱面)} \tag{2.3}$$

式中　h——液体在毛细管中上升的高度，m；

α——液体的表面张力系数，N/m；

θ——液体对固体表面的接触角，(°)；

r——毛细管的内半径，m；

ρ——液体的密度，kg/m^3；

g——重力加速度，m/s^2。

α 衡量表面张力大小，θ 表征润湿性能，当 α 增大时，收缩趋势便增强，相应接触角 θ 变大，而 $\cos\theta$ 则减小，由此可见两者密不可分。

重要结论 3：液体在毛细管中上升的高度 h 与表面张力系数 α 和接触角 θ 的余弦乘积成正比，与毛细管的内半径 r 和液体的密度 ρ 成反比。

【注意】这里讨论的毛细管内液面高度公式只适用于贯穿型缺陷，而实际渗透检测中常见的是非贯穿型缺陷。

知识点 1：贯穿型缺陷

（2）润湿液体在间距很小的两平行板间也会产生毛细现象，两平行板内液面高度公式为

$$h=\frac{\alpha\cos\theta}{r\rho g}(\text{平板}) \tag{2.4}$$

式中　r——两平行板间距的1/2，m。

（3）非贯穿型缺陷内液面高度如图2-9所示。在工件表面施加渗透液，渗透液在毛细作用下渗入表面开口缺陷并呈现凸型液面，弯曲液面对液体内部产生拉应力引起附加压强，缺陷内的气体被压缩而产生反压强，不计液体的自重，以此建立关系，推导得出缺陷内液面高度公式为

$$h=\frac{b}{1+p_0d/(2\alpha\cos\theta)} \tag{2.5}$$

式中　h——渗透液在缺陷中的渗入深度，m；

b——缺陷深度，m；

d——缺陷宽度，m；

α——液体表面张力系数，N/m；

θ——接触角，(°)。

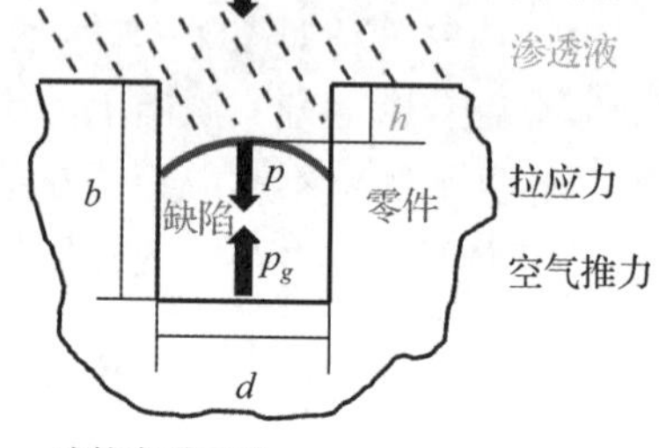

图2-9　非贯穿型缺陷内液面高度

由上式可知，渗透液渗入缺陷的深度h与缺陷深度b成正比，越深的缺陷，其毛细作用强，检测灵敏度越高。渗透液渗入缺陷的深度h与大气压强p_0和缺陷宽度d成反比，降低大气压可增大上升高度，提高检测灵敏度；而减少缺陷内的气体，可有效降低大气压；宽度小的缺陷，其毛细作用强，检测灵敏度高。

提高检测灵敏度的方法总结如下。

（1）真空检测——降低大气压来增加上升高度。

（2）振动——外溢排除气体更利于渗透液渗入。

重新审视渗透检测原理，如图2-10所示。

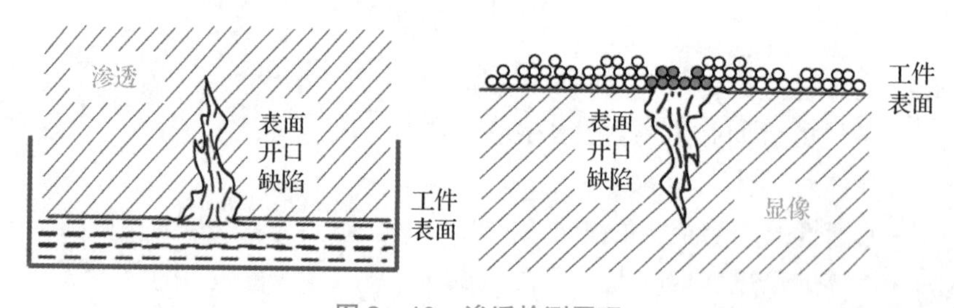

图2-10　渗透检测原理

（1）渗透。由于零件表面的开口缺陷都是很细微的，所以可以将其看作毛细管或毛细缝隙，而表面施加的渗透液即可看作盛装在容器中的液体，由于渗透液是润湿零件的所以在毛细作用下渗透液自动渗入表面缺陷。

（2）显像。施加显像剂，颗粒会覆盖在工件表面，由于显像粉末非常细微，其颗粒度为微米级，微粒之间的间隙类似毛细管，而细微缺陷中的渗

透液可以看作盛装在容器中的液体，由于渗透液是润湿显像粉末的，所以在毛细作用下缺陷中的渗透液很容易沿着这些间隙上升，回渗到工件表面，产生指示痕迹，构成缺陷的直观显示。

提出问题2：为什么自乳化型渗透检测方法需要测定含水量（每月测定1次），而后乳化型渗透检测方法不需要测定含水量？

教学课件库（扫码看课件）

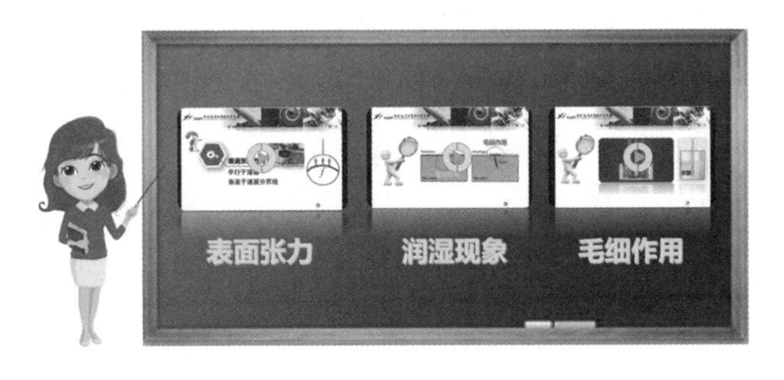

第2讲电子课件

课前回顾

班课活动（扫码测试）

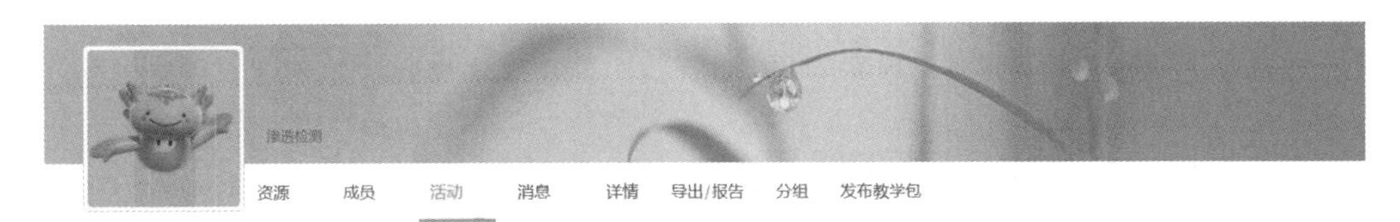

课前测试

模块二　乳化作用

➢ 分解任务

（1）什么是表面活性剂？渗透检测通常采用哪种表面活性剂？
（2）乳化形式有哪些？乳化的机理是什么？
（3）凝胶现象的实际意义是什么？实际应用中采用最多的是哪种乳化剂？

➢ 知识储备

油是不溶于水的，油和水混合后会出现分层，由于油的密度比水小，所以油在上面，水在下面。振荡之后，大块儿油被打散成小液滴，从而出现混浊状态，但是这种状态是不稳定的。因为油不“喜欢”水，所以会努力往上“跑”，过一段时间又会重新聚成大的油珠，使分层再次出现。如果加入洗涤剂，振荡后油又被打散成小液滴，但此时的油并不着急“跑”，而是与水呈现相安无事的乳浊液状态，即使静置也不出现分层。

两种互不相溶的液体混合在一起的现象（如油在水中分散成无数细小液滴）称为乳化现象。

将一种液体（如油）分散到另一种不相溶液体（如水）中的过程称为乳化作用。

具有乳化作用的表面活性剂称为乳化剂。

很显然，洗涤剂是具有乳化作用的，因此它是乳化剂的一种。乳化剂不仅可用于洗涤，比如面包中加入的蛋黄是天然的乳化剂，它能使面团变得柔软。

1. 表面活性剂

在溶剂中加入少量某种溶质时，能明显减小溶剂表面张力，改变溶剂表面状态，这种溶质称为表面活性剂。

视频：
表面活性剂

例如，肥皂能让水的表面张力减小到纯水的1/3，所以肥皂是有代表性的表面活性剂。洗涤剂同样能明显减小溶剂的表面张力，改变溶剂的表面状态。

1）表面活性剂的分类

表面活性剂分为离子型（表面活性剂溶于水时，能电离生成离子）和非离子型（相反）两大类。渗透检测通常采用非离子型表面活性，这是因为非离子型表面活性剂在水溶液中不电离，稳定性高；在固体表面不易发生强烈吸附，便于有效处理；在水和有机溶剂中均具有较好的溶解性；与其他类型的表面活性剂能够很好地混合使用；不易受强电解质无机盐类以及酸碱的影响。

表面活性剂是否溶于水，用亲水性来衡量，而亲水性用亲憎平衡（Hydrophile－Lipophile Balance，HLB；也叫作亲水亲油平衡）值来表示。

2）表面活性剂的作用

表面活性剂的HLB值及其作用的关系如图2－11所示。其中，润湿意为浸湿；洗涤意为去污除垢；乳化意为一种液体分散到第二种不相容的液体中；增溶意为提高溶解度；消泡意为消除泡沫。目前家庭广泛使用合成洗涤剂，起泡会给下水处理带来困难。

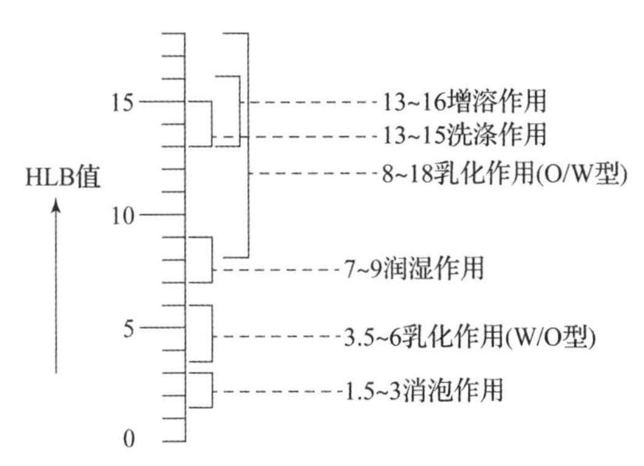

图2－11　表面活性剂HLB值及其作用的关系

表2－1所示为壬烷基酚和环氧乙烷的各种加成物的HLB值，从其在油及水中的溶解变化规律中可以得出HLB值与表面活性剂的亲水性、亲油性的关系结论：HLB值越小，亲油性越好；HLB值越大，亲水性越好。

表2－1　壬烷基酚和环氧乙烷的各种加成物的HLB值

环氧乙烷数	HLB值	溶解度	
		矿物油	水
1	3.3	极易溶解	不溶解
4	8.9	易溶解	稍微分散
5	10	可溶解	白色乳浊分散
7	11.7	稍难溶解	分散乃至溶解
9	12.9	难溶解乃至不溶解	易溶解

【总结】表面活性剂是溶质，在溶剂中加入少量表面活性剂便能明显减小溶剂的表面张力，改变溶剂的表面状态。具有代表性的表面活性剂有肥皂、洗涤剂等。表面活性剂是否亲水，是用HLB值来表示的，HLB值越大，表面活性剂越亲水；HLB值越小，表面活性剂越亲油。

2. 乳化作用（扫码看视频）

为什么洗涤剂能够调节水油间的矛盾，使油在水中分散成小的液滴，而不是聚成大的油珠呢？

视频：乳化作用

探究乳化机理要从表面活性剂的分子结构来分析，表面活性剂两亲分子示意如图 2－12 所示，表面活性剂的分子模型形似火柴，由亲水基和亲油基构成。亲水基好比火柴头，对水有亲和作用；长链亲油基好比火柴梗，对油有亲和作用。因此，乳化剂具有两亲性，它既能溶于水，也能溶于油。乳化机理如图 2－13 所示，正是乳化剂的两亲性质，使它易于吸附并富集在油、水的边界，从而减小界面表面张力，改变界面状态。它一手牵水，一手拉油，以其两个基团把细微的油粒子和水粒子连接起来，同时在液滴周围形成保护膜，阻止了聚集现象的发生。这样，微小的油粒子便稳定分散在水中，形成均匀乳浊液。

图 2－12　表面活性剂两亲分子示意

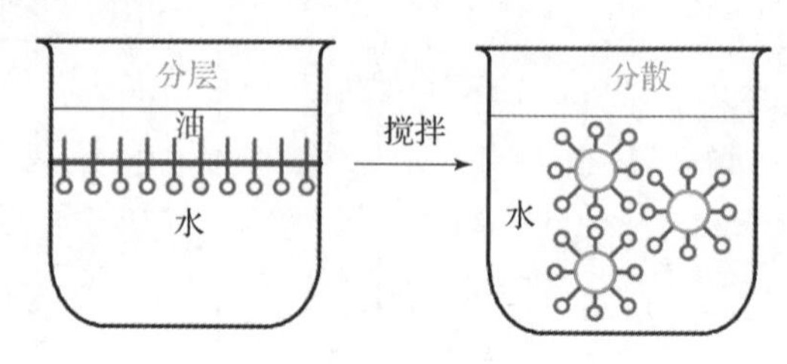

图 2－13　乳化机理

提出问题 1：“乳化剂就是表面活性剂”，这种说法对吗？
提出问题 2：“表面活性剂就是乳化剂”，这种说法对吗？

素养育人：
两亲融合，精益求精

1）乳化形式

从表面活性剂的 HLB 值和其作用的关系（图 2－11）可知，乳化剂的乳化形式一般分为两种类型：①O/W－水包油型（亲水性），水是主要载体，通过乳化作用将油分散在水中形成乳状液，HLB 值为 8～18，典型的水包油如牛奶；②W/O－油包水型（亲油性），油是分散剂，通过乳化作用将水分散在油中，HLB 值为 3.5～6，典型的油包水如原油。由此乳化剂分为亲水性和亲油性两种类型。其中，亲油性乳化剂主要通过扩散发挥作用，通常都是直接使用的，不需要预清洗，乳化后工件需要立刻进行水洗。亲水性乳化剂通过与渗透剂结合来发挥作用，通常以浓缩液的形式提供，用水稀释时需要依照生产商推荐的比例进行配制。施加乳化剂前，需要对工件进行粗洗，乳化结束后，需要对工件进行终洗。由于油包水型乳化的后续处理比较麻烦，所以在实际应用当中，采用最多的是亲水性乳化剂，其 HLB 值一般为 11～15。

2）凝胶现象

乳化剂在与水混合时，其混合物的粘度会随着含水量发生变化。当含水量在某一范围内时，混合物粘度增大，从而失去流动性，形成半固体物质“凝胶”。这种现象称为凝胶现象，此范围称为“凝胶区”。

凝胶现象在渗透检测中有什么作用？在实施渗透检测去除工序中，用水清洗工件表面多余渗透液时，由于接触到大量水，工件表面的乳化剂含水量是超过凝胶区的，所以粘度变小而易被水洗掉。而在缺陷处，由于裂纹开口小，所接触的水量少，缺陷开口处的乳化剂含水量在凝胶区内，从而形成凝胶，所以它的粘度很大，就如同软塞子封住了缺陷开口，使缺陷内的渗透液不易被水冲洗掉，而较好地保留下来，从而提高了检测灵敏度。

凝胶作用的影响物质是什么？不同种类的物质对凝胶作用的影响不同，如煤油、汽油等物质具有促进凝胶的作用，而丙酮、乙醇等物质具有破坏凝胶的作用。为了有利于提高检测灵敏度，通常在渗透液中适当加入促进凝胶的物质，以有效保留缺陷中的渗透液，使其不易被水冲洗掉；常在显像剂中添加破坏凝胶的物质，以使缺陷中的渗透液被显像剂有效吸附出来以扩展成像。

【总结】

（1）乳化剂具有亲水、亲油的两亲性质。

（2）实际渗透检测中采用最多的是亲水性乳化剂，其 HLB 值一般为 11～15。

班课活动（扫码测试）

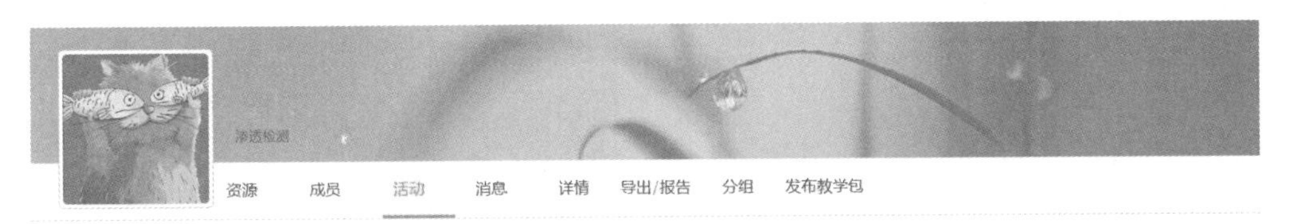

项目测试

教学课件库（扫码看课件）

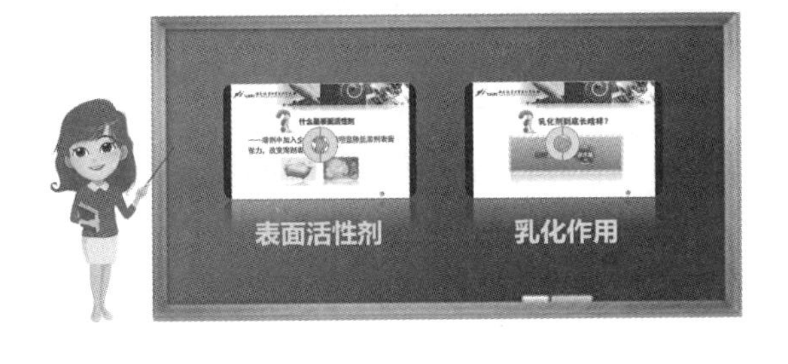

第 3 讲电子课件

课前回顾

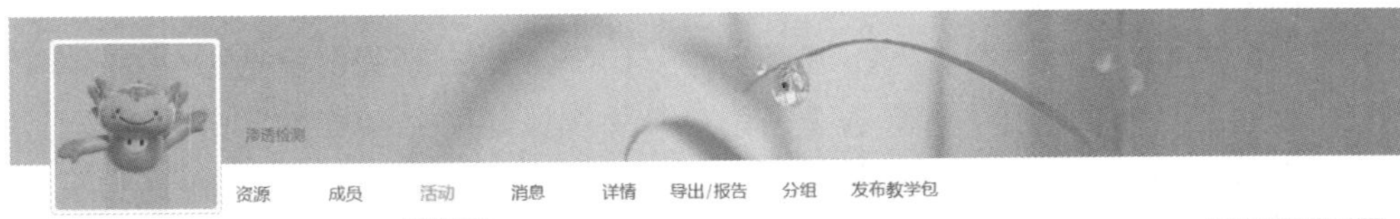

提问与回答

模块三　光致发光

➢ 分解任务

（1）什么是紫外线和荧光？什么是对比度和可见度？
（2）什么是光致发光？光致发光的机理是什么？
（3）光度学的主要参量有哪些？照度的衡量单位是什么？

➢ 知识储备

光是一种电磁波，电磁光谱如图 2－14 所示。光按波长由小到大排列分别是 γ 射线、X 射线、紫外线、可见光、红外线、微波、无线电波。

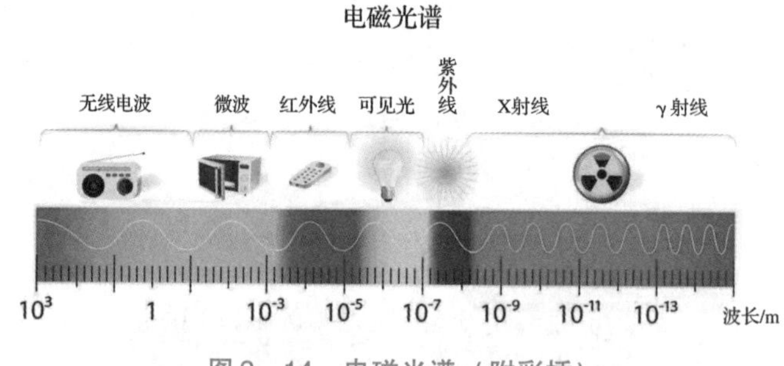

图 2－14　电磁光谱（附彩插）

着色渗透检测显像后的缺陷观察是在白光下进行的，白光也称为可见光，是电磁光谱中人眼可以感知的部分，其波长范围为400～760 nm（1 nm＝10^{-9} m），波长按红、橙、黄、绿、青、蓝、紫的顺序递减。

荧光渗透检测显像后在白光下是看不见缺陷显示的，只有在紫外线照射下缺陷才会发出明亮的荧光。紫外线是一种不可见光，它的波长比可见光短，能量比可见光大。

由于紫外线人眼不能察觉，所以紫外线称为黑光。在荧光渗透检测中，用于激励荧光染料的特种光源俗称黑光灯。

根据生物效应的不同，将紫外线按照波长划分为 4 个波段，即长波 UV－A、中波 UV－B、短波 UV－C、真空波 UV－D。其中，UV－A 具有很强的穿透力，用于矿石鉴定、验钞；UV－B 具有中等穿透力，用于紫外线保健；UV－C 的穿透力最弱，用于杀菌消毒，新冠病毒的灭活就是利用 UV－C 的消毒功能；UV－D 的穿透力极差，几乎不会穿透大气层进入地球表面，因此只能存在于真空中，它能将空气中的氧气氧化成臭氧。

波长小于 320 nm 的中波 UV－B、短波 UV－C 范畴，其对细胞均有杀伤作用；而波长大于 400 nm 为可见光范畴，会在工件上产生不良的衬底，使荧光显示不鲜明。

因此，荧光渗透检测所用的紫外线为长波 UV－A，中心波长约为365 nm，即波长范围内能量最大。

1. 光致发光

许多原来在白光下不发光的物质在紫外线照射下能够发光，这种被紫外线激发发光的现象称为光致发光。

光致发光物质通常分为两类：在外界光源移去后仍能持续发光的，称为磷光物质；在外界光源移去后立即停止发光的，称为荧光物质。

探查光致发光的机理。荧光渗透液中含有荧光物质，当黑光照射荧光渗透液时，荧光物质便会吸收紫外线的能量，处于较低能级的、离原子核较近的轨道上的电子受激发而跳跃到离原子核较远的轨道上，使原子能量增大而处于激发状态。处于激发状态的原子很不稳定，其高能级上的电子会自发地跳跃到失去电子的较低能级上去，电子由高能级跳到低能级，发出一个光子。这个光子的能量就等于高低能级的能量差。

荧光物质发出荧光的波长范围一般为510～550 nm，荧光渗透检测中常使用能发出波长为550 nm左右的黄绿色荧光的荧光物质，因为人眼对黄绿色较为敏感。

2. 可见度和对比度

渗透检测最终能否检查出缺陷，依赖于缺陷显示能否被观察到。缺陷显示能否被观察到，用可见度来衡量，而可见度又与显示的对比度有关。

1）对比度

对比度是差值，是一个显示和围绕显示的表面背景之间的亮度或颜色之差，可用这个显示和围绕显示的表面背景之间反射光或发射光的相对量来表示，称为对比率。对比率是一个比值，并非一个数量值。

根据实验测量结果，从纯白色表面上反射的最大光强度约为入射白光强度的98%，从最黑的表面上反射的最小光强度为入射白光强度的3%，则黑白之间能得到的最高对比率为98%：3%，即33：1。

典型对比率如表2－2所示。由于着色渗透检测时的对比率远低于荧光渗透检测时的对比率，所以荧光渗透检测有较高的灵敏度。

表2－2　典型对比率

序号	典型对比率
1	理想黑白最高对比率为33：1
2	黑色染料显示与白色显像剂背景对比率为9：1
3	红色染料显示与白色显像剂背景对比率为6：1
4	荧光显示与不发光背景对比率可达为300：1

2）可见度

可见度是能力，是观察者相对背景、外部光等条件能看到显示的一种特征。影响可见度的因素包括显示的颜色、背景的颜色、显示的对比度、显示本身反射或发射光的强度、周围环境光线的强弱及观察者的视力等。

渗透检测采用荧光渗透液时，荧光渗透液在紫外线照射下发出黄绿色荧光，黄绿色在暗场中具有最高的可见度，再加上人的眼睛对黄绿色最敏感，因此缺陷显示在暗室里具有最高的可见度。

人眼具有复杂的观察机能，它能观察事物、区分发光强度和分辨各种不同的颜色等。人眼视网膜细胞有两种，一种是柱状的视杆细胞，另一种是圆锥状的视锥细胞，其作用不同。在较亮条件下，主要是视锥细胞起作用；在较暗条件下，主要是视杆细胞起作用。

人眼敏感特性如图 2－15 所示，分为明亮区、黑暗适应区和暗光区 3 个区。

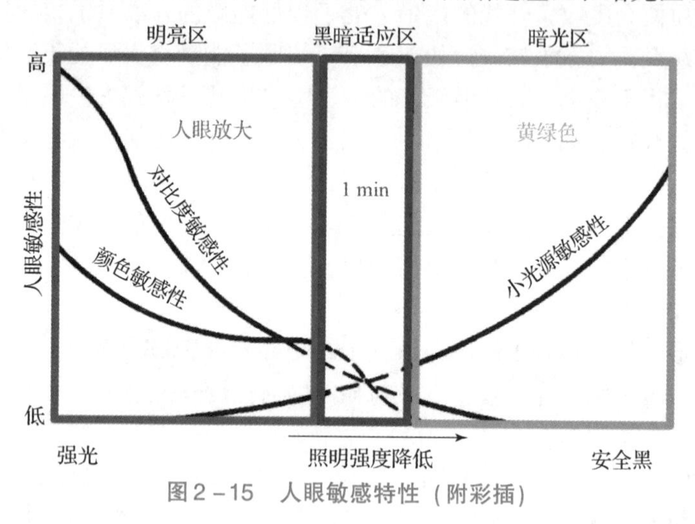

图 2－15　人眼敏感特性（附彩插）

为何会有黑暗适应区？人们都有这样的经验，当从明亮的地方进入黑暗的地下室时，在短时间内无法看到周围的东西，需要足够的恢复时间，这种现象称为黑暗适应（或暗场适应）。同样，当从地下室回到明亮的地方时，会感到眼睛模糊，短时间内看不清东西，也需要有足够的恢复时间。

人眼在强白光下对光强度的微小差别不敏感，而对颜色和对比度差别的辨别能力很强。例如：在白色背景上有一个红色的缺陷显示，光越强，显示越清晰。

在暗光环境中，人眼辨别颜色和颜色对比度的能力很差，但能看见微光的物体或光源。

人眼有自动放大的作用，因此人眼感觉到的光源尺寸比真实物体大，从而使显示更清晰（可见 0.2 mm 荧光显示）。

【注意】在荧光渗透中检验人员进入暗室时，首先要完成黑暗适应，同时准备材料，布置检测区。黑暗适应时间一般为 1 min，较严格的要求为 2 min。

3. 光度学参量

光度学是 1760 年由朗伯建立的，定义有光通量、发光强度、照度、亮度等主要光度学参量，用以衡量亮度，说明光源发光强弱的特性。

光是某些波长的电磁波，给人眼“亮”的刺激。光是一种电磁辐射，辐射是能量传递的一种方式。人眼对于光源发射的不同波长的光，其视觉灵敏度是不同的。不同波长的电磁波，尽管辐射量一样，但给人眼“亮”的刺激的程度不同，如红外线、微波、紫外线等人眼是看不到的，而400~760 nm波长的可见光是人眼能看到的。

（1）光通量——顾名思义就是光通过的量，即光源发射并被人眼接收的能量总和。光通量是可见光能量的一种衡量方式。描述光通量的物理单位（SI单位）是流明，符号为lm。

【备注】流明的物理学解释为1烛光［cd（Candela，音译为“坎德拉”，发光强度单位，相当于一只普通蜡烛的发光强度］在一个立体角（半径为1 m的单位圆球上，1 m^2 的球冠所对应的球锥所代表的角度，其对应中截面的圆心角约为65°）上产生的总发射光通量。

（2）照度——描述被照射的物体在单位面积上所接受的光通量，表明物体被照明的程度。照度的SI单位是勒克司，符号为lx（以人眼感觉的强度衡量光源，只用来衡量白光照度）、$\mu W/cm^2$（以光源功率衡量光源强度，用来衡量黑光辐照度）。

【备注】1 fc（英尺烛光）=10.764 lx。烛光的概念最早是英国人发明的。1 lx等于1流明的光通量均匀分布在1 m^2 面积上产生的照度。

（3）发光强度——简称光强，描述光源向某方向单位立体角发射的光通量。发光强度的单位是cd。发光强度是针对点光源而言的，用来描述光源到底有多亮。一般来讲，光线都是向不同方向发射的，并且强度各异。可见光在某一特定方向角内所发射的光通量称为光强。通俗地说，光强用来描述光源在单位时间内所发出的光子数目的多少，发出的光子越多，光强越大。

对以上光度学参量的简单理解和通俗理解如下。

（1）简单理解。光通量就是衡量光源出光能力，即单位时间出光量；照度就是物体接收到的光通量，即单位面积光通量；光强就是衡量光源在特定方向上的光量，即单位角度光通量。

（2）通俗理解。用一个盆接水并观察水龙头，光通量就是盆里水的总量（对应灯发出的总能量）；水在盆里是摊开的，单位面积的水就相当于照度（单位面积的光通量）；水龙头打开的时候，可以发现中间的水流强，两边的水流弱，表示这个强弱的概念就是光强（单位立体角内的光通量），水流急就相当于光强大，水流弱就相当于光强小。

【总结】

（1）荧光渗透检测所用的紫外线是长波UV-A，它的中心波长是365 nm。

（2）荧光渗透液含有荧光物质，当黑光照射时，荧光物质会吸收紫外线的能量，在能级跃迁的过程中发出荧光。

（3）对比度是差值，可见度表示能力。

（4）照度有两个单位，当衡量白光时，称为白光照度，对应单位为lx；当衡量黑光时，称为黑光辐照度，对应单位为 $\mu W/cm^2$。

班课活动（扫码测试）

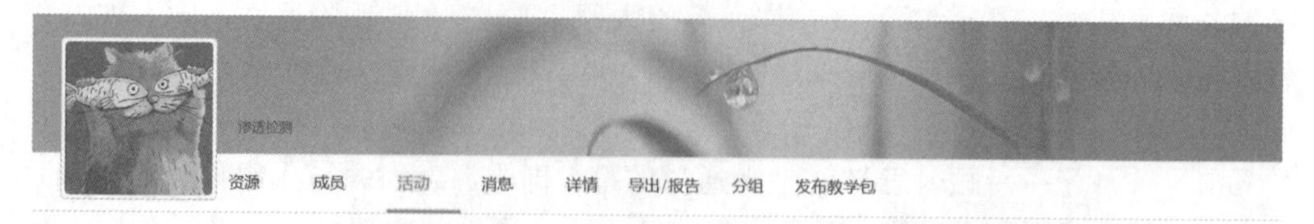

渗透探伤概论与表面化学基础测试（限时 20 min）

教学课件库（扫码看课件）

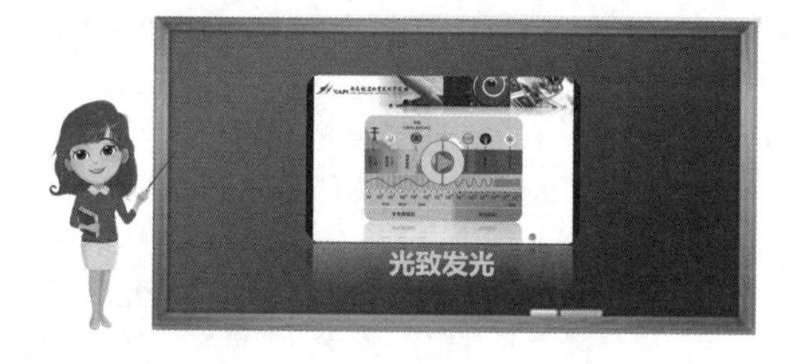

第 4 讲电子课件

学习报告单

教学内容	学习情境2　渗透检测物理基础（6学时）
教学活动	班课考勤、知识储备、通道讨论、项目测试、自我评价
智能助学	无敌好　资源　成员　活动　消息　详情　导出/报告　分组　发布教学包
知识储备 任务拓展 （学员填写）	

班课评价

考核内容	资源学习	班课考勤	直播讨论	项目测试	老师点赞加分	课堂表现
权重比	40%	10%	20%	20%	5%	5%
系统分值						

双向评价 （自我评价& 教师评价）			
报告人 （学号姓名）		报告日期	年　　月　　日

学习情境3 渗透检测材料

【情境引入】

渗透检测材料是渗透检测中最关键的物质，它是渗透剂、乳化剂和显像剂等材料的总称。渗透检测材料的选择决定了渗透检测系统的灵敏度，合适的灵敏度等级对检测出需要控制的不连续缺陷至关重要，其通常由被检工件的检测要求决定。同时，渗透检测材料必须是同族组的，即完成一个特定的渗透检测过程须使用特定的渗透材料组合系统。

【情境目标】

学习目标

1. 知识目标

（1）掌握渗透检测材料的分类；

（2）熟悉渗透检测材料的主要组分；

（3）掌握渗透检测材料的性能要求。

2. 能力目标

（1）储备核心知识，提升专业素养；

（2）增强应用能力及创新能力。

素养目标

（1）具备严谨科学、精益求精的专业精神；

（2）树立良好的质量意识和责任意识。

【知识链接】

课前回顾

班课活动（扫码答问题）

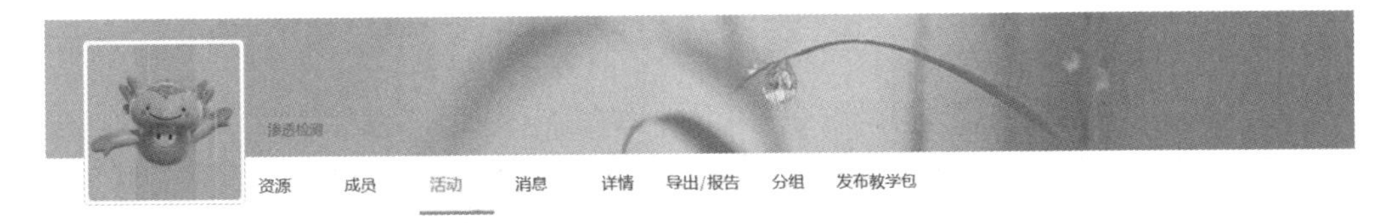

提问与回答

模块一 渗透液的性能

➤ 分解任务

（1）理想渗透液应具备哪些性能？
（2）渗透液具备哪些物理化学性能？

➤ 知识储备

实施渗透检测离不开渗透检测材料，渗透检测材料主要包括渗透液、去除剂、显像剂三大类。其中，渗透液是渗透检测中最关键的材料，它的质量直接影响渗透检测的成败，其性能一旦降低势必造成显像结果的质量降低，从而影响检测灵敏度。

什么是渗透液？渗透液是一种含有染料的具有很强渗透能力的溶液。

渗透液的作用是有效渗入工件表面开口缺陷，能有效吸附攀升至工件表面显示缺陷迹痕。

渗透检测所用的渗透液有荧光渗透液和着色渗透液两大类，每一类又可分为水洗型、后乳化型和溶剂去除型，此外还有一些其他特殊用途的渗透液。比如检查火箭液氧箱时，应考虑渗透液与液氧不起反应，但常用的油基类的渗透液是不能满足这一要求的，需要一种特殊的液氧相容的渗透液。再比如，检查橡胶、塑料等零件时，应考虑渗透液与零件不发生反应，因此采用特殊配置的渗透液。

视频：理想渗透液的性能

知识点：截留

1. 理想渗透液的性能

（1）渗透能力强——常用渗透液的载液是煤油，其渗透能力很强，能够充分渗入工件表面细微缺陷，并将所含染料有效带入。

（2）截留性能好——渗透液渗入缺陷并保留在缺陷中的能力称为截留。由于渗透液粘度大，黏附性比较强，所以能停留在表面开口缺陷中，即使对于浅而宽的开口缺陷，渗透液也不容易从缺陷中被清洗出来。

（3）容易清除——容易从被涂覆过的工件表面被清除掉。

（4）不易挥发——不必担心渗透液挥发而被人体吸入，也不必担心渗透液挥发导致渗透液很快干在工件表面。

（5）润湿性能良好——即使缺陷很细微，渗透液也易于吸附到工件表面。渗透检测的先决条件是湿润，润湿体现为润湿工件表面、润湿缺陷、润湿显像剂。

（6）具有足够的荧光亮度和颜色强度——细小缺陷的渗入量是有限的，由于量少，所以在扩展成薄膜时，发光强度更高，鲜艳颜色更容易被识别。

（7）稳定性好——受到光热作用，不发生分解、混浊、沉淀，荧光亮度和颜色强度持久。

（8）化学惰性——对被检材料和存放容器无腐蚀。

（9）闪点高——对渗透液的要求：①灵敏度高；②安全环保。闪点高意味着着火可能性小。

（10）无毒——对人体无害。

（11）无污染——不污染环境，这是对所有渗透检测材料的要求。

（12）价格低——物美价廉。

理想渗透液的性能总结如下：易渗入、能停留；不挥发、易清除；易吸附、性能稳定，不受酸碱影响；无腐蚀性、无毒、无异味；闪点高；价格低。

既然是理想性能，对于实际渗透液而言，以上性能就并非全部具有。任何一种渗透液都不可能完全达到理想水平，只能尽量接近理想水平。实际上，每种渗透液的配制都采取折中的方案，或者突出某一项或某几项性能指标。典型渗透液的突出性能如图3-1所示。水洗型渗透液的突出性能是“易于从工件表面清除”，为了保证缺陷内渗透液的良好维持量，需要进行监控水洗；后乳化型渗透液的突出性能是“能保留在浅而宽的缺陷中”，由于缺陷内渗透液的维持量多，所以显像效果好。总之，两者相比，后乳化型渗透液的灵敏度高于水洗型渗透液。

图3-1　典型渗透液的突出性能

2. 渗透液的物理化学性能

渗透液的物理化学性能主要包括表面张力和接触角、粘度、密度、挥发性、闪点和燃点、稳定性、化学惰性、溶剂溶解性和溶解度、含水量和容水量、毒性等。

视频：渗透液的物理化学性能（1）

视频播放：渗透液的物理化学性能（2）

1）表面张力和接触角

表面张力用表面张力系数 α 表示，接触角 θ 则表征渗透液对工件表面和缺陷表面的润湿能力，而渗透液的渗透能力是用渗透液在毛细管中上升的高度 $h=\frac{2\alpha\cos\theta}{r\rho g}$（表征渗透液的渗透能力）来衡量的，由此可见：表面张力和接触角是表征渗透液渗透能力的两个重要参量。

基于表面张力系数和接触角余弦的密切相关性，好的渗透液而言应具有不太大的表面张力系数和较小的接触角。

渗透液的渗透能力除了用毛细管中上升的高度 h 来衡量之外，还可以用静态渗透参量SP来表征，即

$$SP=f_L\cdot\cos\theta\text{(表征渗透液的渗透能力)}\tag{3.1}$$

式中　SP——静态渗透参量；

f_L——表面张力；

θ——接触角。

SP值越大，渗透液的渗透能力越强。

2）粘度

粘度是衡量渗透液的一项重要指标，反映流体流动时的阻力。阻力的产生源于流体分子间的内摩擦。粘度的单位是 cm^2/s 或 St（斯托克斯），St 的 1% 为 cSt（厘斯托克斯）。

从液体在毛细管中上升的高度 $h=\frac{2\alpha\cos\theta}{r\rho g}$ 可以明显看出，液体的粘度与液体在毛细管中上升的高度 h 没有关系，因此粘度不影响渗透液渗入缺陷的能力，那么它影响什么呢？

由于粘度与流体的流动性有关，所以粘度对渗透液的渗透速率有较大影响。水和煤油的粘度比较如图 3－2 所示。

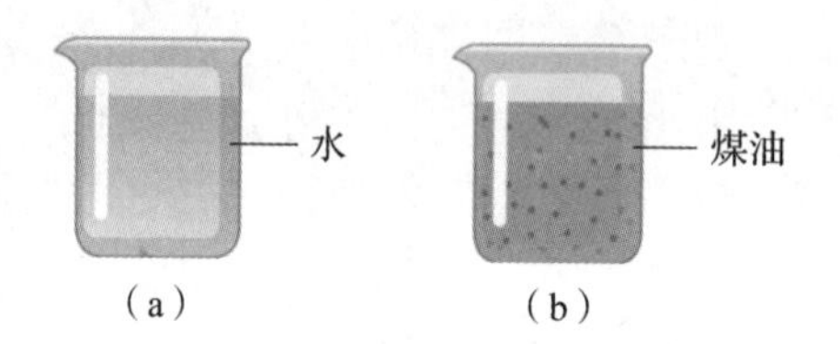

图 3－2　水和煤油的粘度比较

（a）1.004 cSt（20 ℃）；（b）1.65 cSt（20 ℃）

水的粘度在 20 ℃时为 1.004 cSt，较小，但水并不是一种好的渗透液；煤油的粘度在 20 ℃时为 1.65 cSt，比水大，但煤油是一种很好的渗透液。

渗透液的渗透速率常用动态渗透参量 KP 来表征，即

$$KP=\frac{f_L\cdot\cos\theta}{\mu} \tag{3.2}$$

式中　KP——动态渗透参量；

f_L——表面张力；

θ——接触角；

μ——粘度。

动态渗透参量表示受检工件浸入渗透液所需的相对停留时间。

粘度对渗透液的运动性能有很大的影响：粘度大，流动阻力大，动态渗透参量小，渗透时间长；粘度大，截留性能强，对浅而宽的缺陷有利，但拖带多，渗透液的损耗大，容易对乳化剂造成污染。渗透液的粘度太大或太小都不好，渗透液的粘度要求适中。

3）密度

密度是单位体积内所含物质的质量。从液体在毛细管中上升的高度公式 $h=\frac{2\alpha\cos\theta}{r\rho g}$ 可以看出：液体的密度越大，液体的上升高度越小，说明液体的渗透能力弱。同时，液体的密度与温度相关，温度越高，密度越小，渗透能力也随之增强。

渗透液中的主要液体是煤油和其他有机溶剂，因此渗透液的密度一般小于 1。

4）挥发性

渗透液最好不易挥发。易挥发的渗透液在滴落过程中易干在工件表面，固体存留

工件表面是难以处理的。渗透检测利用的是液体的流动性，易挥发的渗透液易干在缺陷中，难以回渗形成缺陷显示。易挥发的渗透液不宜装在开口槽中使用，因为损耗大，着火危险性大，人体吸入会造成伤害。

渗透液也必须具有一定的挥发性，因此一般在不易挥发的渗透液中加入一定量的挥发性液体。因为渗透液在滴落过程中，易挥发成分挥发掉，使染料浓度提高，发光强度增大，可见度提高，有利于缺陷的有效检出；缺陷显示直接关系到对缺陷性质的判别，渗透液在吸附攀升时，不能肆无忌惮地到处发展，要求显示形貌越接近越好，这更利于缺陷的识别，因此易挥发的成分挥发掉便限制了扩展面积，使缺陷痕迹显示轮廓清晰，分辨率高。易挥发成分可以减小粘度，提高渗透速度。易挥发说明内聚力小，内摩擦力小，所以粘度减小。

5）闪点和燃点

闪点和燃点是两个不同的物理量。闪点是液体加温到刚出现闪光现象的最低温度，即闪了一下，但未持续燃烧；燃点是液体加温到能持续燃烧的最低温度。

闪点是表征易燃可燃液体火灾危险性的一项重要参数，可分为开口闪点和闭口闪点。用开杯法测定开口闪点，即油杯加液不加盖，暴露于空气中，由于浓度低，所以测得温度比较高；用闭杯法测定闭口闪点，即油杯加液加盖，由于浓度高，所以测得温度比较低。渗透检测中常采用闭口闪点（材料合格证上的各种特性之一）。

对于同一种液体，其燃点高于闪点。闪点低，燃点低，说明着火危险性大，因此从使用安全性的角度考虑，渗透液的闪点越高越安全。

【补充说明】外贸转包使用的国外渗透检测材料全部来源于美国宇航 AMS QPL－2644 产品清单，如美国磁通（Magneflux）、英国阿觉克斯（Ardrox）等，其维护费用高。溶剂去除型着色渗透液采用喷罐施加，其喷射压力来源于所使用的挥发性很强的有机溶剂，用空之后需要进行处理，否则直接扔掉容易伤人。

6）稳定性

稳定性是指渗透液对光、热和温度的耐受能力。具体要求是使染料保持良好的溶解度，不发生变质、分解、混浊、沉淀等现象；发光性能不降低，着色液不退色。稳定性是通过未照射与照射后的相比实验测定的。

7）化学惰性

化学惰性是衡量渗透液对盛放容器和被检工件腐蚀性能的指标，要求渗透液对盛装容器和被检工件尽可能是惰性的或无腐蚀性的。渗透液的化学惰性如图3－3所示。

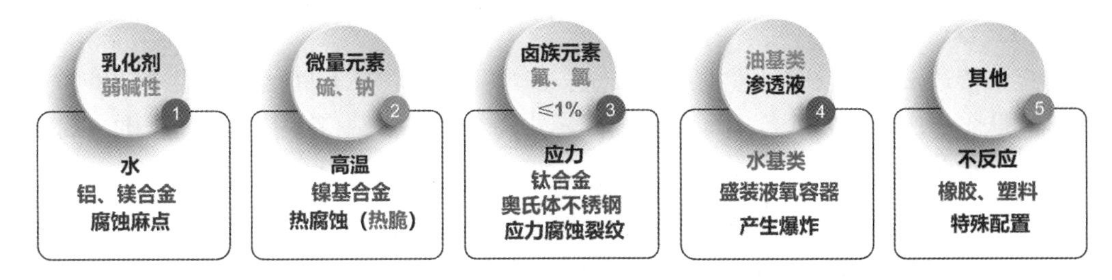

图3－3　渗透液的化学惰性

（1）乳化剂显示弱碱性，受到水的污染便会与水结合形成弱碱性溶液。在渗透检测过程中，由于接触时间很短，基本不会发生腐蚀，但残留渗透液长期保留在工件上就会产生腐蚀，使铝、镁合金工件产生腐蚀麻点，因此要求彻底清洗。

【备注】铝、镁属于两性金属，既能和酸反应，也能和碱反应，本身就容易发生腐蚀，表面形成很多黑坑（单个或一片）。

（2）渗透液中硫、钠等有害微量元素会损害高温合金的力学性能，对镍基合金工件产生热腐蚀（也称热脆），使工件遭到严重破坏，因此其含量应受到严格限制。

【备注】镍基高温合金具有优异的综合力学性能，广泛应用于航空发动机的热端部件。

（3）渗透液中存在卤族元素如氟、氯，它们容易与钛合金及奥氏体不锈钢发生化学反应，在存在应力的情况下易产生应力腐蚀裂纹。因此，需控制以上元素的含量，一般合格证、安全说明书中会明确标出：卤族元素残余量不得超过1%。

（4）对盛装液氧（火箭燃料）的容器，要求渗透液不与液氧起反应，油基或类似渗透液不满足这一要求，后续处理不得当会产生爆炸，而水基类渗透液安全性较好。

（5）检测橡胶、塑料等工件时，渗透液不应与其反应，应采用特殊配置的渗透液。

8）溶剂溶解性和溶解度

溶剂溶解性和溶解度是渗透液中的溶剂对溶解度性能要求的两个方面。一是渗透液的溶剂溶解性，即被其他溶剂溶解的能力。例如：后乳化型的去除用水是洗不掉的，可以用丙酮擦掉渗透液的溶剂载液。二是渗透液中的溶剂对染料的溶解度。染料要能进入缺陷，则要求其必须能够很好地溶解在溶剂中，浓度高则光强、颜色强度大。

9）含水量和容水量

含水量是指渗透液中水分的含量与渗透液总量之比的百分数，它是体积比，与水洗型渗透液相关。含水量达到极限数值便出现变质，标准规定含水量小于5%，每月由专业理化检测中心进行检测，一旦含水量超过5%，则通过加料来降低含水量。

容水量是指渗透液出现分离、混浊、凝胶或灵敏度下降等现象时的含水量极限值。

渗透液含水量越低越好；渗透液容水量越高越好，这表示渗透液抗水污染能力强。

10）毒性

接触渗透液需要及时处理，用热水洗，冷水不好洗。长时间接触，会造成严重皮炎，皮肤不舒服、发紧。监控水洗会生成雾化颗粒，需要戴口罩、戴眼镜。通常都是积累产生的结果。

渗透液应是无毒的（或低毒）的。

11）其他

静电喷涂荧光渗透检测目前被广泛使用，用于近 20 m 机翼大梁、壁板等大型受力零件的检验。静电喷涂荧光渗透检测如图 3－4 所示，渗透检测材料经负高压电极感应带负电，被检工件保持正极，在静电场的作用下，渗透检测材料均匀吸附至工件表面。为防止逆弧伤人，要求渗透液具有大电阻。

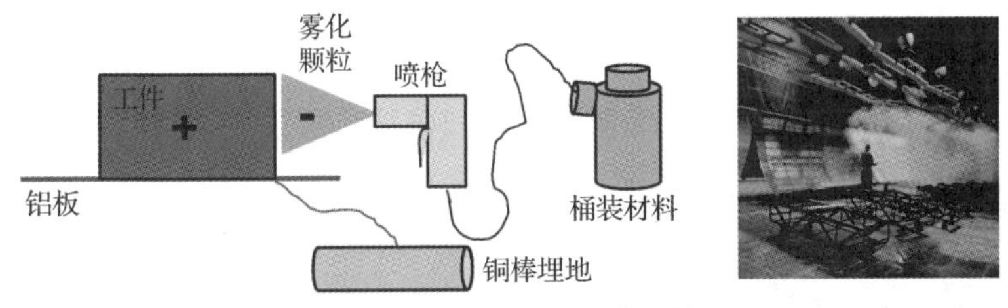

图3-4 静电喷涂荧光渗透检测

【强调】

（1）表示强弱的渗透能力参量有两个：渗透液在毛细管中上升的高度 h、静态渗透参量 SP。

（2）粘度不影响渗透液的渗透能力，而影响渗透的快慢。

（3）渗透液中的主要液体是煤油，所以密度小于1。

（4）闪点高，燃点高，表示着火的可能性小，渗透材料更安全。

（5）渗透液中的硫、钠元素残余量不得超过1%，卤族元素会对钛合金工件产生应力腐蚀裂纹。

（6）渗透液含水量越低越好。

渗透检测材料（1）
（限时20 min）

班课活动（扫码测试）

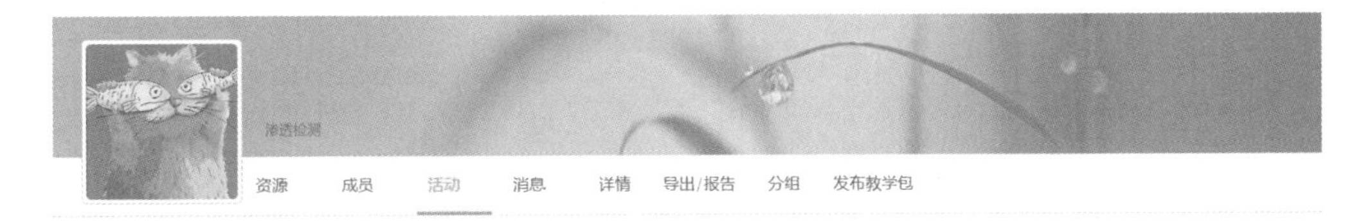

教学课件库（扫码看课件）

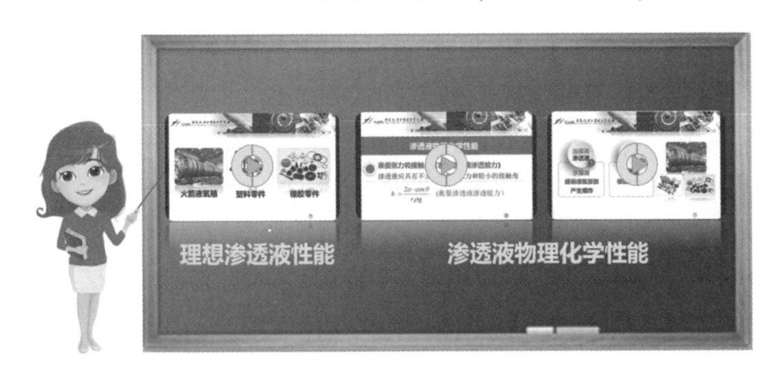

第5讲电子课件

课前回顾

提问与回答

班课活动（扫码答问题）

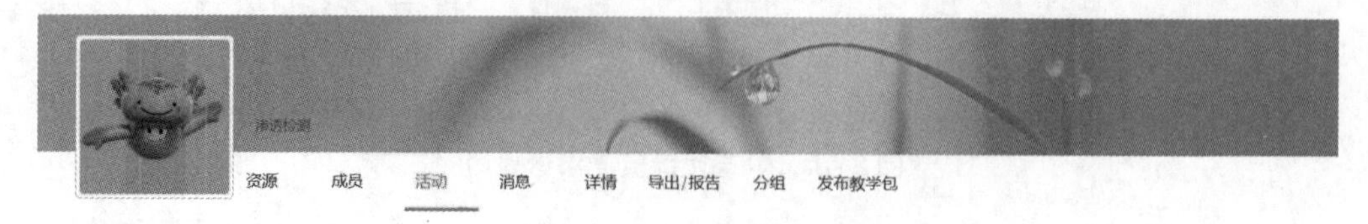

模块二　渗透液的组分与种类

➢ 分解任务

（1）渗透液的主要组分是什么？

（2）常用渗透液的特点及适用范围是什么？

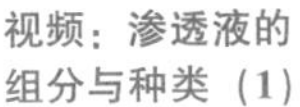

视频：渗透液的组分与种类（1）

视频播放：渗透液的组分与种类（2）

➢ 知识储备

1. 渗透液的主要组分

渗透液含有多种特性材料，主要包括染料、溶剂和成分。

1）染料

渗透检测常用的染料有着色材料和荧光材料两类。着色染料是着色渗透液的颜色显示剂，为暗红色染料，使用最广泛的是苏丹Ⅳ红，学名为“偶氮苯”；荧光染料是荧光渗透液的发光剂。

着色染料和荧光染料的显示状态如图 3－5 所示。着色染料呈现白色背景上的暗红色显示，可形成较高的对比度；荧光染料呈现蓝紫色背景上的黄绿色显示，人眼对黄绿色最敏感。

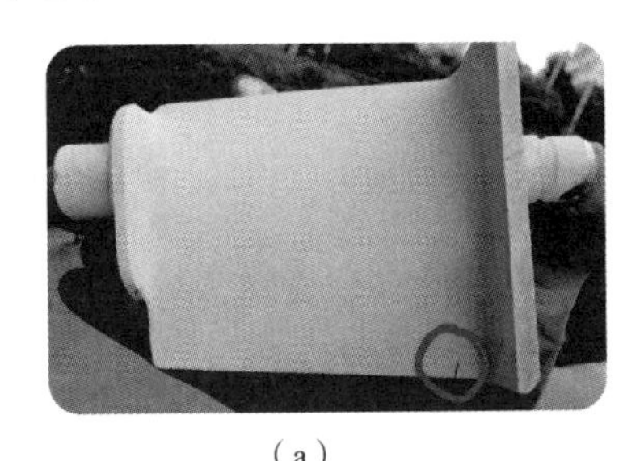

（a）

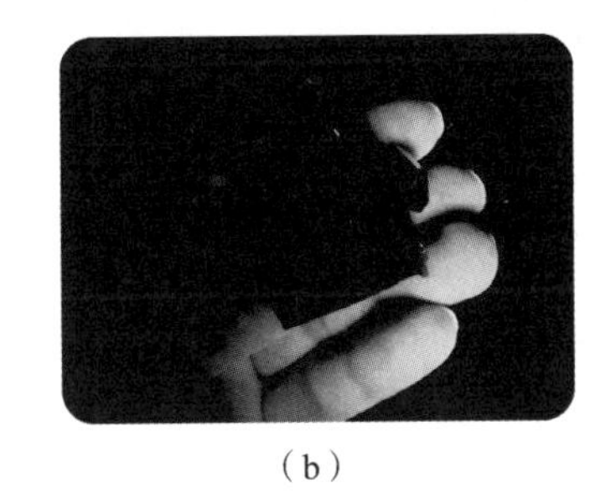

（b）

图 3－5　着色染料和荧光染料的显示状态

（a）着色染料的显示状态；（b）荧光染料的显示状态

什么是“串激”？为什么提出“串激”的概念？

试验证明：荧光强度随荧光染料浓度的提高而增强，但浓度提高到某一极限值时，浓度再增加反而出现荧光强度减弱的现象。这说明单纯依靠提高浓度来增强荧光强度的做法是有限的，为此引入“串激”方法。由两种或两种以上荧光染料组成激活系统，充分利用激发光光源的全部能谱，用一种荧光染料去增强另一种荧光染料的荧光强度，即一种荧光染料通过吸收另一种荧光染料的荧光得到激发，增强自身发出的荧光强度，这类似相互联系的系统中连锁反应的多米诺效应。

总之，“串激”是一种方法，通过这种方法可以增强荧光强度。

2）溶剂

渗透液中的溶剂是一种溶剂组合，大致可以分为基本溶剂和稀释溶剂两大类，如图 3－6 所示。其中，基本溶剂用于充分溶解染料，获得足够的染料浓度；稀释溶剂用于适当调节粘度与流动性，同时因为稀释溶剂实际比基本溶剂便宜，从而起到了减少材料费用的作用。

溶剂组合

基本溶剂：充分溶解染料

稀释溶剂：调节黏度、流动性，减少材料费用

图 3－6　渗透溶剂的分类

要求基于“相似相溶”经验法则，使溶剂具有良好的互溶性，形成较高的溶解度，在实际应用中需要通过试验加以验证。

3）附加成分

渗透液还含有多种用于改善性能的附加成分。

（1）表面活性剂——用于减小表面张力，改善表面状态，增强润湿作用。单一表面活性剂效果不佳，通常使用表面活性剂组合，以获得良好效果。

（2）助溶剂——是一种中间溶剂，用于促进染料溶解。渗透能力强的溶剂对染料的溶解度不一定高或得不到理想的颜色和荧光强度，因此利用中间溶剂去溶解染料，然后与渗透性能好的溶剂互溶。

（3）稳定剂——作用是保持渗透液稳定，防止染料因温度变化从溶液中析出。当温度降低时，渗透液中的溶质会析出，可以采取适当加热的方式，但需要有效控制，否则会对材料染料造成破坏。

（4）增光剂——用于增强着色渗透液的色泽或荧光渗透液的光泽，以提高对比度。

（5）乳化剂——常用于水洗型渗透液中，通过其两亲性富集在油水界面上，减小界面的表面张力，改变界面状态，使渗透液便于用水清洗。同时，乳化剂在渗透剂中还能促使染料溶解，起增溶的作用。

（6）抑制剂——用于抑制挥发。

（7）中和剂——用于中和渗透液的酸碱性，使渗透液呈现中性。

2. 渗透液的种类

渗透检测使用的渗透液包括荧光渗透液和着色渗透液两类（图 3－7），根据表面多余渗透液去除方法的不同又可以分为水洗型、后乳化型和溶剂去除型三大类。

图 3－7　渗透液的种类（附彩插）

1）着色渗透液

（1）后乳化型着色渗透液——不含乳化剂，不能直接用水清洗，需增加乳化工

序；互溶剂含量大，溶解染料更多；润湿剂可增大润湿性，其渗透能力强；截留性能好，检测灵敏度较高；抗水污染能力强；适用于检测浅而细微的表面缺陷。

（2）溶剂去除型着色渗透液——主要成分类似后乳化型着色渗透液，故可以直接使用。其渗透能力强，可以得到与荧光渗透液相似的灵敏度。溶剂去除型着色渗透液是应用最广泛的一种渗透液，多使用压力喷罐材料套组（图3－8），喷罐压力来源于易挥发的低黏度溶剂，增压能力强；成本较高，效率较低；灵敏度高，但有一定毒性；由于采用密闭容器，所以闪点、挥发性要求不像在开口槽中使用材料那样严格。溶剂去除型着色渗透液适用于局部检测、无水无电野外作业。

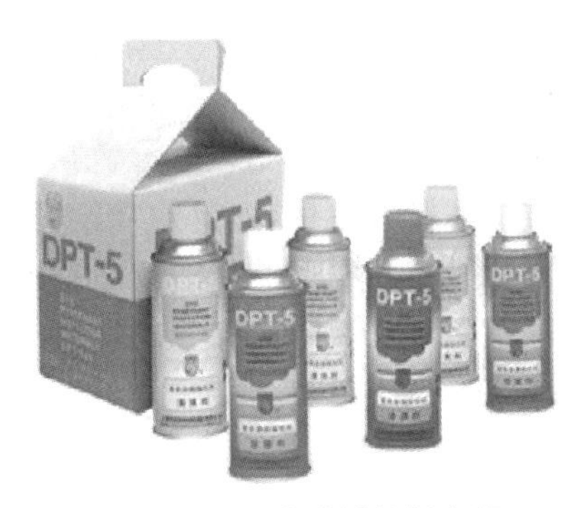

图3－8　压力喷罐材料套组

（3）水洗型着色渗透液可分为水基型和自乳化型两种。

①水基型着色渗透液——基本成分是着色染料和渗透溶剂（水），着色染料溶解在水中，易清洗、环保，但水的渗透能力较差，故灵敏度低，适用于检测灵敏度要求不高的工件。由于液氧与油类接触容易引起爆炸，塑料橡胶部件与油基、醇基等渗透液可能发生化学反应而破坏，所以使用水基型着色渗透液用于盛装液氧装置、塑料橡胶部件的渗透检测。

②自乳化型着色渗透液——由于采用油基溶剂，所以灵敏度高于水基型着色渗透液；由于自身含有乳化剂，所以便于用水清洗，同时对染料起增溶作用；由于较易清洗，检测灵敏度较低，故适用于表面粗糙工件检测；由于含有乳化剂，具有一定的亲水性，容易吸收水分（包括空气中的水分），所以当容水量达到一定数值时，便会出现变质现象（要提高抗水污染能力，就要减小其亲水性，可适当增加亲油性乳化剂含量，也可以利用非离子型乳化剂的凝胶现象，使渗透液本身具有一定的抗水能力）；染料浓度高，可获得较高的着色强度，但低温时染料析出的可能性较大，造成清洗困难。

知识点1：着色渗透液的灵敏度

总体上，着色渗透液的灵敏度较低，不适合检测临界疲劳裂纹、应力腐蚀裂纹或晶间腐蚀裂纹。试验表明：着色渗透液能渗透到细微裂纹中，但要形成同荧光渗透液相同的显示，则所需着色渗透液的容积比荧光渗透液大得多。

提出问题：渗透液包含多种成分，水洗型着色渗透液相较于后乳化型着色渗透液和溶剂去除型着色渗透液，其配制更加复杂，为什么这么说？

【总结】

（1）渗透液是一种溶液，是在溶剂中加入溶质形成的，其主要组分是染料和溶剂。

（2）着色染料的呈现状态是白色背景上的暗红色显示；荧光染料的呈现状态是蓝紫色背景上的黄绿色显示。

（3）增强荧光强度的连锁反应方法称为“串激”。

（4）溶剂是一种组合，其中基本溶剂的作用是溶解染料，提高浓度，以提高检测灵敏度；稀释溶剂用于实现有效调节，起渗透作用。

（5）渗透液组分中的附加成分主要用于改善渗透液的各项性能，包括润湿性（表面活性剂）、染料溶解性（助溶剂）、渗透液稳定性（稳定剂）、提高对比度（增光剂）、挥发性（抑制剂）、防腐性（中和剂）。

（6）渗透检测使用的渗透液包括荧光渗透液和着色渗透液两类，根据表面多余渗透液去除方法的不同都可以分为水洗型、后乳化型和溶剂去除型 3 种。对于着色渗透液来说，后乳化型着色渗透液相较于水洗型着色渗透液染料浓度更高，颜色更深，检测灵敏度较高，更适用于浅而细微表面缺陷的检测。水洗型着色渗透液具体又分为水基型和自乳化型两种，自乳化型着色渗透液的检测灵敏度高于水基型着色渗透液。溶剂去除型着色渗透液是应用最广泛的一种，多采用压力喷罐材料套组。

2）荧光渗透液

常用荧光渗透液有水洗型、后乳化型和溶剂去除型 3 种。其中，溶剂去除型与后乳化型的配法相同，可以直接替代同等灵敏度级别使用，仅处理方式不同。

（1）溶剂去除型荧光渗透液。

溶剂去除型荧光渗透液直接采用溶剂（如丙酮、乙醇）进行擦拭去除。

（2）水洗型荧光渗透液。

知识点 2：水基型荧光渗透液

水洗型荧光渗透液可分为水基型和自乳化型两种。

①水基型荧光渗透液——以水作为溶剂，易清洗，不污染环境。水的渗透能力较差，虽然做了一定的处理，加入了表面活性剂，灵敏度仍低，但灵敏度高于水基型着色渗透液。其用于盛装液氧装置（液氧与油类接触容易引起爆炸）、塑料橡胶部件（与油基、醇基发生化学反应而破坏）的渗透检测。

②自乳化型荧光渗透液——由于含有荧光染料，所以自乳化型荧光渗透液灵敏度高于自乳化型着色渗透液；由于采用油性溶剂，所以自乳化型荧光渗透液的渗透能力强，灵敏度高于水基型荧光渗透液；由于自乳化型荧光渗透液含有乳化剂，所以可以直接用水冲洗，成本较低。但是，自乳化型荧光渗透液对操作人员要求高，操作不当易造成过洗和漏检。

染料浓度不同，荧光强度不同，对比度不同，可见度不同，检出缺陷能力不同，检测灵敏度则不同；乳化剂含量不同，清洗的难易程度不同，检测灵敏度则不同。基于染料浓度和乳化剂含量，通常将自乳化型荧光渗透液分为：1/2 低灵敏度、低灵敏度、中等灵敏度、高灵敏度、超高灵敏度 5 种类别。其中，低灵敏度易于从粗糙表面去除，主要用于结构疏松、不致密轻合金铸件检测（主要指镁合金、铝合金、钛合金）；中等灵敏度较难从粗糙表面去除，主要用于焊接件、精密铸钢件、精密铸铝件、轻合金铸件，以及机加工表面的检测；高灵敏度难以从粗糙表面去除，要求具有良好的机加工表面，主要用于精密铸造涡轮叶片等关键工件和较光洁机加面的检测。

【备注】典型材料牌号有 ZY11、Ardrox－970P22、Magneflux－ZL19、MARKTEC－P110A 等。

（3）后乳化型荧光渗透液。

由于含有荧光染料，所以后乳化型荧光渗透液的灵敏度高于后乳化型着色渗透液；由于采用油性溶剂，所以后乳化型荧光渗透液的渗透能力强，灵敏度高于水基型荧光渗透液；由于互溶剂含量高，所以后乳化型荧光渗透液所含染料浓度高，对比度高；后乳化型荧光渗透液不含乳化剂，用水冲洗前需要增加乳化工序，操作相对复杂；后乳化型荧光渗透液的抗水污染能力强，不受酸碱的影响；后乳化型荧光渗透液的检测灵敏度高，对零件表面状态要求较高，适用于表面光洁、浅而宽、细微缺陷的检测。

后乳化型荧光渗透液具体又分为亲水性和亲油性两大类。其中，亲水性后乳化型荧光渗透液使用普遍；亲油性后乳化型荧光渗透液不太常用。亲油性后乳化型荧光渗透液与亲水性后乳化型荧光渗透液是同种产品，可以通用，其不同之处在于后期去除时使用的乳化剂不同，由于考虑到同族组性的问题，所以在实际情况下购买配套材料。

亲水性后乳化型荧光渗透液按照黑光灯下发光强度的不同分为低灵敏度、中灵敏度、高灵敏度、超高灵敏度 4 种。其中，中灵敏度适用于变形材料的机加工零件检测；高灵敏度适用于铸件、板材、棒材加工零件检测，由于缺陷开口紧密、贴合紧，所以检测灵敏度要求较高；超高灵敏度材料亮度更强、显示更明显，适用于涡轮盘、轴等关键部件的成品检测，这些部件的工作环境恶劣，所产生的缺陷细小。

总体而言，铸件选择水洗型荧光渗透液，锻件和变形件选择后乳化型荧光渗透液。

3）其他渗透液

着色荧光渗透液含有一种具备两种特性的特殊染料，其在白光下呈现鲜艳的暗红色，而在黑光下发出明亮的荧光，一种渗透液可同时完成两种灵敏度检测，故称为双重灵敏度。着色荧光渗透液并非两种染料同时溶解，由于分子结构的原因，着色会破坏荧光的分子结构，造成荧光猝灭，因此安排工序时应注意：做完着色，不能再做荧光。

化学反应型渗透液是将无色染料溶解于无色溶剂中，形成无色渗透液（避免了颜色污染），施加配套的无色显像剂，发生化学反应产生鲜艳的颜色，当被紫外线照射时会发出明亮的荧光，因此同样具有双重灵敏度。

通常的渗透液不能用于高温零件的检测，因为高温会造成荧光染料的破坏（荧光猝灭），所以采用高温下使用的渗透液，其耐受性好，比通常破坏的时间长，比如通常破坏的时间是 5 min，而它可以坚持 10 min。

过滤性微粒渗透液是一种悬浮液，经充分搅拌达到均匀状态，最好喷涂施加。过滤性微粒渗透液比较适用于石墨、陶土等多孔材料的检测，为此现在渗透检测领域进行重新定义，去掉了“非疏孔性”的限制要求。微粒具有良好的流动性，由于染料微粒大于缺陷宽度而不能流进，则微粒聚集在缺陷开口处，表面的微粒沉积形成缺陷显示。在渗透过程中不需要去除表面多余渗透液和显像，通过自显像在开口缺陷处产生微粒堆集，施加背景全部是染料荧光，缺陷处染料多，染料浓度高，相比背景度高，由此完成检测。

【总结】

（1）常用荧光渗透液同样有水洗型、后乳化型和溶剂去除型 3 种。水洗型适用于粗糙表面缺陷的检测，因为水洗型的突出特点就是易于去除；后乳化型对工件表面状态要求比较高，它所发现的缺陷相当细微，因此灵敏度很高；溶剂去除型的提拉能力很强，在去除环节直接采用溶剂擦拭。

（2）水洗型荧光渗透液同样也分为水基型和自乳化型两种。两者相比，自乳化型的灵敏度高于水基型，水基型荧光渗透液的灵敏度虽然比不上自乳化型荧光渗透液，但它的灵敏度肯定高于水基型着色渗透液。

（3）荧光渗透液有灵敏度高低之分，而着色渗透液没有，这是因为着色法本身的灵敏度就不高，所以没必要分等级。

（4）凡是涉及关键零件的检测，必须选用高灵敏度的渗透检测材料。

（5）注意着色染料和高温都会造成“荧光猝灭”的发生。

渗透检测材料（2）
（限时 8 min）

班课活动（扫码测试）

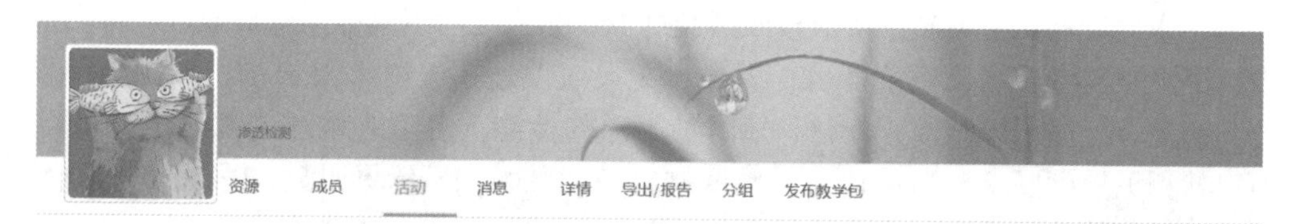

第 6 讲电子课件

教学课件库（扫码看课件）

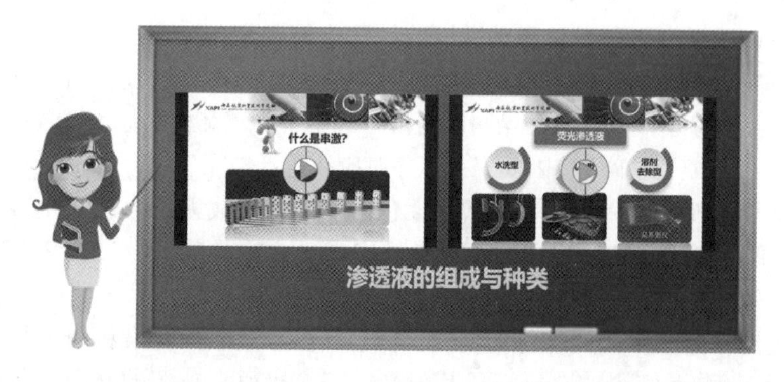

提问与回答

课前回顾

班课活动（扫码答问题）

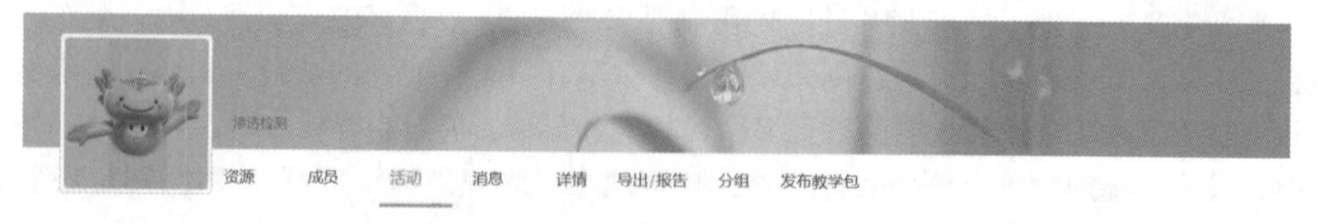

模块三　去除剂和显像剂

➢ 分解任务

（1）乳化剂的类型、乳化形式以及综合性能是什么？

（2）显像剂的作用、综合性能以及常用分类是什么？

（3）渗透检测材料同族组的含义是什么？渗透检测材料组合系统的选择原则是什么？

➢ 知识储备

视频：
去除剂

1. 去除剂

在渗透检测中，用来去除被检工件表面多余渗透液的溶剂称为去除剂，其作用一是去除有机溶剂，二是去除染料。去除方法如图3－9所示。水洗型渗透液施加完成后直接用水清洗，因此水就是它的去除剂；后乳化型渗透液施加完成后需要增加乳化工序，然后用水清洗，那么它的去除剂应该有两种，即乳化剂和水；溶剂去除型渗透液施加完成后采用有机溶剂轻擦去除，则对应去除剂是有机溶剂。通常采用的去除溶剂有煤油、酒精、丙酮、三氯乙烯等。

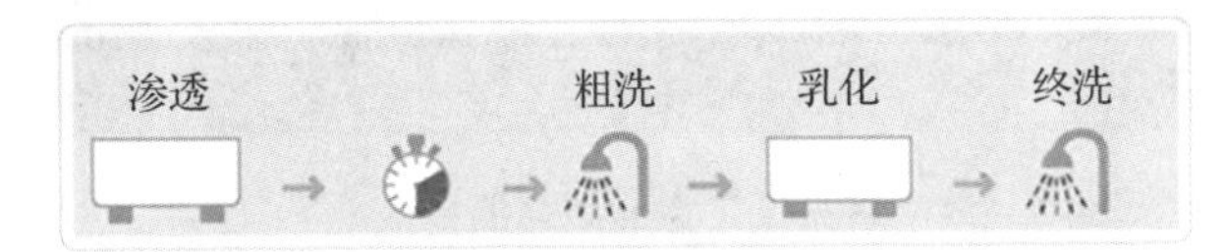

图3－9　去除方法

提出问题：溶剂去除型渗透液采用轻擦去除方法的原因是什么？

渗透检测中主要采用油性渗透液，为了便于用水清洗，需要用乳化剂对不溶于水的渗透液进行去乳化，所以乳化剂是去除剂中的重要材料。

乳化剂由表面活性剂和添加溶剂组成。其中，表面活性剂是主体，起乳化作用，应用最广的是非离子型表面活性剂；添加溶剂用于调节黏度，调整与渗透液的配比，同时因为其成本低，所以可减少材料费用。

【注意】

（1）乳化剂浓度越高，乳化能力就越强，乳化速度越快，因此乳化时间难以控制。

（2）乳化剂浓度越低，乳化能力越弱，乳化速度越慢，乳化时间越长，乳化剂有足够的时间渗入缺陷，使缺陷中的渗透液变得容易用水洗掉，从而达不到后乳化渗透检测方法的高灵敏度。同时，乳化剂浓度太低时，受水和渗透液污染变质的速度快，更换乳化剂的频次高，容易造成浪费。因此，需要根据被检工件的大小、数量、表面光洁度等情况，通过试验选择最佳的乳化剂浓度。

渗透检测中的常用乳化剂分为亲水性、亲油性两种类型，如图 3－10 所示。其中，亲水性乳化剂 HLB 值在 8～18 范围内，乳化形式是水包油型 O/W（典型的例子是牛奶），能将油分散在水中；亲油性乳化剂 HLB 值在 3.5～6 范围内，乳化形式是油包水型 W/O（典型的例子是原油），能将水分散在油中。在实际应用中采用最多的是亲水性乳化剂，因为其后续处理比较方便。

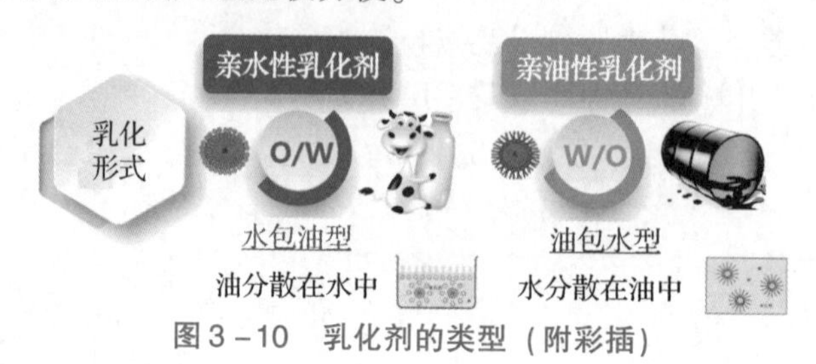

图 3－10　乳化剂的类型（附彩插）

1）亲水性乳化剂

亲水性乳化剂通常为浓缩状态供应，使用时通过配比，用水稀释达到浓度值。应有效控制乳化参数：时间≤2 min，浓度 >20%，乳化时间通过试验确定，测定乳化剂浓度需要使用遮光仪（遮光仪实物如图 3－11 所示）。

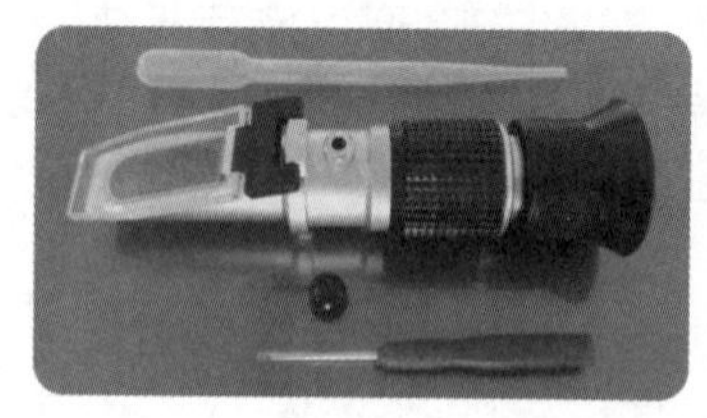
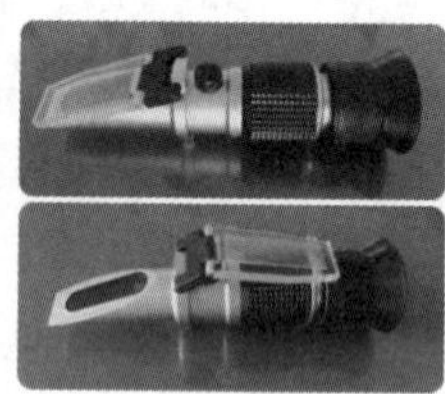
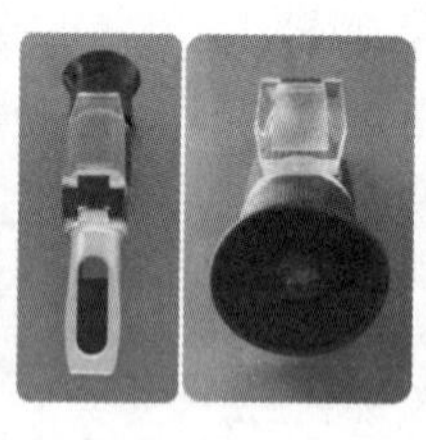

图 3－11　遮光仪实物（附彩插）

【备注】遮光仪是根据不同浓度的液体具有不同折射率的原理制成的。遮光仪的基本操作：提起盖板，用软布擦净检测棱镜面，使用专用塑料棒蘸取乳化剂溶液数滴，置于检测棱镜上，并盖好盖板；水平举起遮光仪，对着光源从目镜窗口平行观察，转动目镜调节手轮，使视场明暗分界线清晰；准确读取明暗分界线的刻度值（即乳化剂溶液的浓度）；检测完成后，用软布擦净检测棱镜面。

使用亲水性乳化剂进行乳化前有粗洗工序，可将大部分渗透液去除，这是乳化的渗透液带入乳化剂水溶液不怕污染的原因。

亲水性乳化剂作用过程（图 3－12）：工件浸没于乳化剂水溶液中，表层渗透液与水溶液接触而溶入乳化剂，通过搅拌带入乳化剂水溶液，层层剥离直至下层，且只作用表面，不作用缺陷，最后经水清洗形成清洁表面。

2）亲油性乳化剂

亲油性乳化剂通常按供应状态使用，无须用水稀释。亲油性乳化剂的类型通常分为快作用型和慢作用型，粘度与快慢相关。

亲油性乳化剂容许量要求：应允许添加质量分数为 5% 的水，允许混入 20% 的渗透液，无变质。

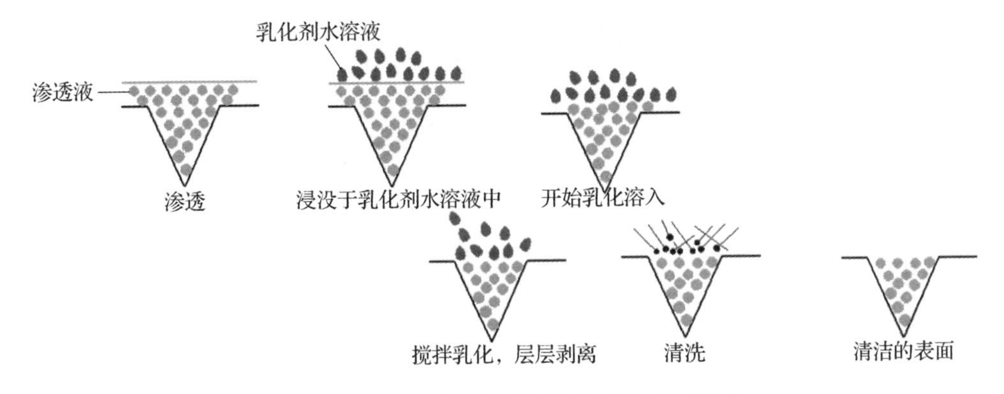

图3－12 亲水性乳化剂的作用过程（附彩插）

在亲油性乳化剂操作过程中，工件要求不变动、不抖动，尽量不让渗透液进入乳化剂，因为没有粗洗环节，所以工件表面拖带渗透液量大时容易造成污染。

亲油性乳化剂的作用过程（图3－13）：施加乳化剂，乳化剂开始扩散至表层全部渗透液，并直接乳化，即扩散与乳化同时存在，且只作用表面，不作用缺陷，最后经水清洗形成清洁表面。

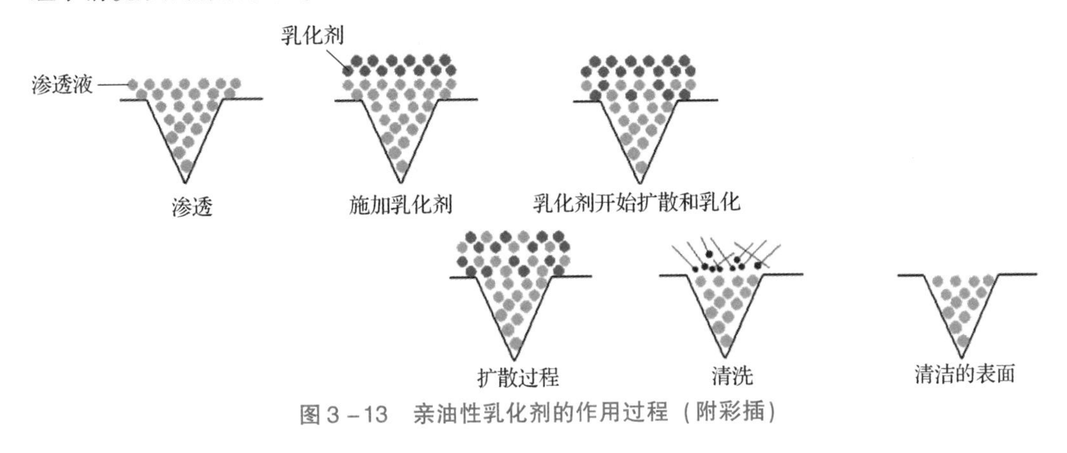

图3－13 亲油性乳化剂的作用过程（附彩插）

3）乳化剂的综合性能

（1）乳化的目的就是将渗透液清洗掉，因此要求乳化效果好，便于清洗。

（2）受到少量水或渗透液污染时，乳化性能不降低，因此要求抗污染能力强。

（3）乳化剂浓度高，则乳化快，时间难以控制；乳化剂浓度低，则乳化时间长，乳化剂有可能进入缺陷。同时，乳化剂浓度低容易造成微生物破坏，导致使用周期变短，特别是夏天会散发臭味，因此要求黏度和浓度适中，以保证合理的乳化时间。

（4）要求稳定性好，不受热、温度的影响。

（5）要求具备良好的化学惰性，对零件和容器不产生腐蚀。

（6）要求对人体无害，无刺激性的臭味，无毒。

（7）乳化剂应适合开口槽使用，因此要求闪点高，挥发性小。

（8）要求具有明显的颜色区别（粉红色乳化剂如图3－14所示），凝胶作用强。

（9）要求废液及污水处理简便。

图 3－14　粉红色乳化剂（附彩插）

【备注】

基于检测对象通过试验有效确定乳化剂浓度，对于简单、复杂形面均满足要求，即取得折中值。实际选择乳化剂时考虑的是乳化剂的抗污染能力，具体包括成本、稳定性、无毒和无不良气味。

2. 显像剂

显像剂是渗透检测中另一种关键材料，它在渗透检测中的主要作用如下。

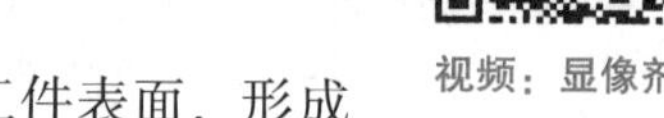

视频：显像剂

（1）通过毛细作用使缺陷中微量渗透液回渗至工件表面，形成缺陷显示。

（2）将形成的缺陷显示在被检工件的表面上横向扩展，放大至足以用肉眼观察到，如图 3－15 所示。资料指出：通过显像剂的放大作用，裂纹的显示尺寸可高达该裂纹宽度的许多倍，有的甚至高达 250 倍左右。

（3）提供与缺陷显示具有较大反差的背景，从而达到提高检测灵敏度的目的。

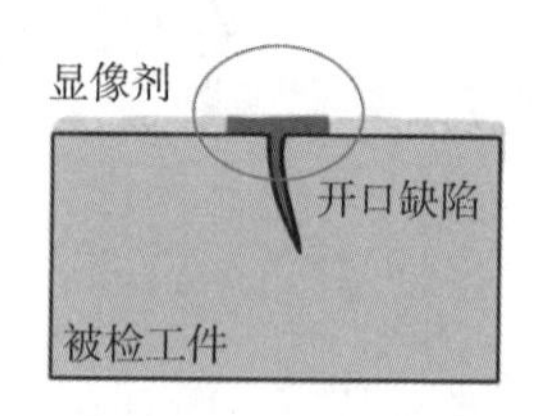

图 3－15　缺陷的放大显示

1）显像剂的综合性能

好的显像剂应具有下列性能。

（1）显像粉末细微均匀，在工件表面能吸附形成稳定粉层，防止脱落。微米级颗粒并非完全贴合，会产生微观毛细缝隙，只要有缝隙，渗透液就要攀升，且四面八方都有可能，其横向扩展，且比实际显示大，便于观察，且能保持显示清晰。如果横向扩展不加以控制，将失去形貌。对于荧光法，由于机械表面会反光，所以通过显像粉末的薄层覆盖有效遮盖金属本色，减少反光，以构成发光与不发光的较高对比度；对于着色法，通过显像粉末的较厚层覆盖，以提高对比高。

（2）吸湿能力强，吸湿速度快，以促进润湿，达到快速显示。干粉显像时间一般是 10 min～4 h，大部分工艺参数定为 15 min。

（3）如果背景发光，缺陷也发光，则对比度势必很低。因此，荧光显像剂不发荧光，不含任何减弱荧光亮度的成分；着色显像剂应对光有较高反射率，能提供与缺陷显示相差足够大的底色，以保证最佳的对比度，对着色染料无消色的作用。

（4）具有较好的化学惰性，对被检工件和盛装容器不产生腐蚀。

（5）无毒，无异味，对人体无害。

（6）使用方便，价格低。

（7）检验完毕后，易于从被检工件表面上清除。比如对于显像粉末，用压缩空气吹即可去除，不放心就用水冲洗；对于溶剂去除型显像剂，不能用压缩空气吹，也不能用清洗剂直接喷除，否则会喷成浆糊，应先用干的擦拭物擦拭，然后喷除少量残留物。

2）显像剂的物理化学性能

显像剂的物理化学性能主要如下。

（1）粒度。显像剂的粒度不应大于3 μm，要求细而均匀。

（2）密度。呈松散状态，未被压实的显像粉质量在75 g以下；在包装状态下，即使压得特别密实的显像粉密度也应不大于0.13 g/cm^3。

（3）沉降率。沉降率针对水悬浮型或溶剂悬浮型湿显像剂而言。为了确保良好的悬浮性，形成均匀漂浮物，应选择细微均匀的显像粉。

（4）分散性。分散性好的显像剂，经搅动晃动后能全部重新漂浮分散到溶剂中，而不残留任何结块。

（5）润湿能力。润湿能力包括润湿工件表面、润湿缺陷。干粉显像剂能润湿缺陷处渗透液；湿式显像剂能润湿工件表面，形成良好的贴合，形成均匀的较厚覆盖层。如果润湿能力差，显像剂将缩成球，并出现剥落、流痕现象。

（6）腐蚀性。显像剂呈弱碱性，应有效控制硫、钠元素（会使镍基合金产生热腐蚀）、卤族元素（会与不锈钢、钛合金发生化学反应而产生应力腐蚀裂纹）。

（7）毒性。避免使用二氧化硅干粉显像剂，因为其一旦被吸入肺就无法排出。干粉显像时，通常采用喷粉柜进行爆粉、喷粉施加，柜内带有抽风装置，可抽走沉降慢的粉末，打开喷粉柜后不允许有粉。

【强调】

渗透液呈中性，无腐蚀性；乳化剂和显像剂呈弱碱性。

3）显像剂的种类

显像剂有干式和湿式两大类，即干粉显像剂和湿显像剂。其中，干粉显像剂的分辨率比较高，湿显像剂的显像灵敏度比较高。

（1）干粉显像剂。

干粉显像剂是荧光渗透检测中最常用的显像剂，为白色无机粉末，比如白色的氧化镁、碳酸镁、氧化锌、氧化钛的细微颗粒。有时会加入少量有机颜料或有机纤维素，以减少白色背景对黑光的反射，减小干扰，提高显示对比度和清晰度。干粉显像剂要求粉末轻质、松散、干燥，因为其一旦结块就难以均匀覆盖形成显像层。干粉显像剂的明显缺点是粉尘严重，类似沙尘暴。

（2）湿显像剂。

湿显像剂有水或有机溶剂的载液，分含水湿显像剂和非水湿显像剂两类，且各有悬浮型和溶解型之分。因此，湿显像剂通常分为水悬浮型、水溶性、溶剂悬浮型和溶液型4种类型。

①水悬浮型显像剂。

水悬浮型显像剂是将干粉显像剂直接加入水中形成悬浮溶液。为了有效改善综合性能，添加了各种试剂。a. 添加分散剂，以防止沉淀结块。b. 均匀施加润湿剂，润湿铺展，实现放大作用。c. 显示是不能无限放大的，要求更接近实际尺寸、形状，因此加入限制剂。d. 显像剂呈弱碱性，通常由于接触时间短，所以不会太快产生腐蚀反应，只有在检测后清理不好时形成残留，遇到相应环境，比如接触湿润的空气，才会对材料产生强烈破坏。加入防锈剂只能减缓破坏，因此后处理就显得更重要，既能保证检出缺陷，又能保证不损伤工件。

【注意】

a. 显像粉末含量太多，粉层太厚，渗透液未达到表面，无法有效观察到。

b. 显像粉末含量太少，不能形成良好背景。

c. 要求工件表面粗糙度要小，以方便去除。

②水溶性显像剂。

水溶性显像剂是将结晶粉末的无机盐溶解于水中，形成均匀透明的溶液，水蒸发后形成薄膜。水溶性显像剂不适用于水洗型荧光渗透检测，因为结晶物结合会改变渗透剂颜色，形成偏蓝色光，而人眼对偏蓝色不敏感。同时，水溶性显像剂也不适于着色渗透检测，因为其形成的粉层太淡、太薄，无法形成有效的对比度。

③溶剂悬浮型湿显像剂。

溶剂悬浮型湿显像剂是非水湿显像剂，是将显像粉末加入挥发性强的有机溶剂中配制而成的。常用显像剂溶剂有丙酮、乙醇、二甲苯等，相应的溶剂悬浮型显像剂称为速干型显像剂。为了改善性能，可加入限制剂、稀释剂。其中，稀释剂量适中，以调节粘度，稀释剂过量则吸附能力差，会出现显像膜自动剥落的现象。

由于溶剂悬浮型湿显像剂含有的有机溶剂挥发性很强，具有提拉作用，而且易燃，通常装在封闭喷罐中。为了保证形成均匀的显像粉层，施加溶剂悬浮型湿显像剂前需充分摇动，通常加入 1 颗或几颗玻璃球供显像时摇晃搅拌用。溶剂悬浮型湿显像剂对细小缺陷检测灵敏度高，但对浅而宽的缺陷，由于提拉作用不强，所以其效果不如干粉显像剂。由于溶剂悬浮型湿显像剂所含的有机溶剂有毒，人吸入后对身体有影响，所以需要戴口罩进行防护。同时，使用时应注意通风，置于阴凉处储存。

【强调】

由于溶剂悬浮型湿显像剂的提拉作用强，具体施加显像剂后要先看第 1 眼记录，以防止细小缺陷扩散模糊，第 2 次 10 min 看下，再次观察新的显示。

（3）其他类型显像剂。

①塑料薄膜显像剂——通过吸附固定渗透液，形成胶膜，撕下来永久保存，从而对显示做记录。其与实用有差距，长时间后由于扩散的发生，会造成显示失真，且结构复杂，不好区分。

②化学反应型显像剂——具有双重灵敏度，必须与配套渗透液配合使用。

渗透检测材料（3）
（限时 15 min）

班课活动（扫码测试）

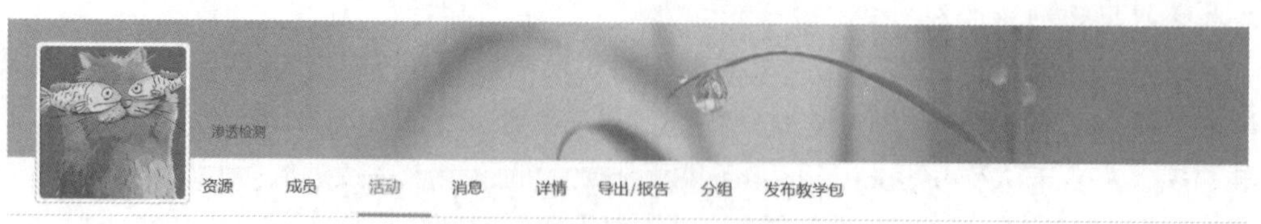

3. 渗透检测材料系统

视频：渗透检测材料系统

在一个特定的渗透检测过程中，需要一系列完整的材料，包含渗透液、去除剂、显像剂等，这就是所谓的渗透检测材料的同族组概念。作为一个整体，其考虑因素是渗透检测材料间的兼容性，也就是渗透检测材料配合使用的效果，这需要做兼容性试验。

为避免麻烦，最好购买同一厂家的系列产品，即同一厂家提供的同一型号的产品。不同厂家的产品不能混用，不同族组的同类渗透检测材料不能混用，否则会由于组成不同出现化学反应或灵敏度下降。比如，着色染料会减小或猝灭荧光染料的发光亮度。如果确实需要混用，则必须进行验证。

【强调】

（1）采取顶尖搭配使用，虽然单项很好，但混用的相互性能可能降低。

（2）众多检测标准中允许使用不同厂家的显像剂，比如干粉显像剂可以和渗透液、乳化剂不属于同一个厂家。

渗透检测材料系统的选择原则如下。

（1）灵敏度应满足检测要求。渗透检测的第一需求就是能检出缺陷，因此满足灵敏度要求是首要条件。后乳化型渗透检测材料系统由于渗透能力强，截留能力强、润湿性能好，染料浓度高，所以灵敏度高于水洗型渗透检测材料系统。荧光渗透液灵敏度高于着色渗透液。疲劳裂纹、磨削裂纹、应力腐蚀裂纹、晶界裂纹等缺陷均紧密细小，灵敏度要求高，可选用后乳化型荧光渗透检测材料系统。铸件表面残留背景太高，所以需要选用好去除的水洗型渗透液。

（2）根据被检工件状态进行选择。表面光洁的工件，可选用后乳化型渗透检测材料系统，采用湿显方式；表面粗糙的工件，可选用水洗型渗透检测材料系统，采用干显方式；无水源、野外检测不方便时，多采用喷罐。

（3）在灵敏度满足检测要求的条件下，应尽量选用价格低、毒性小、易清洗的渗透检测材料系统，这样不会对操作人员、工件、环境造成损害。水基型渗透检测材料系统较环保，而油基型渗透检测材料系统的灵敏度是比较高的。

（4）渗透检测材料系统对被检工件应无腐蚀。比如铝、镁合金工件不宜选用碱性渗透检测材料系统，因为易产生腐蚀；奥氏体不锈钢、钛合金工件不宜选用含卤族元素如氟、氯等的渗透检测材料系统，因为会产生应力腐蚀裂纹。因此，需要有效的含量限制。

（5）化学稳定性好，对于光和高温（如环境温度升高）耐受性强，不易分解和变质。

（6）使用安全，不易着火。比如，航天用的燃料系统是液氧，盛装液氧的装置只能选用水基型渗透液，而油溶性渗透液会与液氧起反应，容易引起爆炸。

4. 渗透检测材料校验

知识点：AMS 美国宇航 QPL－2644

国外有专业的鉴定机构进行渗透检测材料校验，校验合格的渗透检测材料会被列入 AMS 美国宇航 QPL－2644 资格认证的产品清单，即国际通行的渗透检测材料合格产品目录，被列入目录的材料才有被选权利，因为客户认可“产品合格证符合 2644”。相比而言，我国没有专门的鉴定机构，而是以专家鉴定的形式进行认证，为了证明产品满足要求，就需要按零件做试验，收集数据提供给专家鉴定。

美国 Sherwin 公司生产的渗透检测材料如表 3－1 所示，美国 Magnaflux 公司生产的渗透检测材料如表 3－2 所示。

表 3－1　美国 Sherwin 公司生产的渗透检测材料

水洗型荧光渗透液		
HM－406	二级	中灵敏度
HM－604	三级	高灵敏度
后乳化型荧光渗透液		
RC－50	二级	中灵敏度
RC－65	三级	高灵敏度
RC－77	四级	超高灵敏度
乳化剂		
ER－83A	方法 D	亲水型
ER－85	方法 A	亲油型
显像剂		
D－90G	形式 a	干粉显像剂

表 3－2　美国 Magnaflux 公司生产的渗透检测材料

水洗型荧光渗透液		
ZL－67	三级	高灵敏度
后乳化型荧光渗透液		
ZL－27A	三级	高灵敏度

教学课件库（扫码看课件）

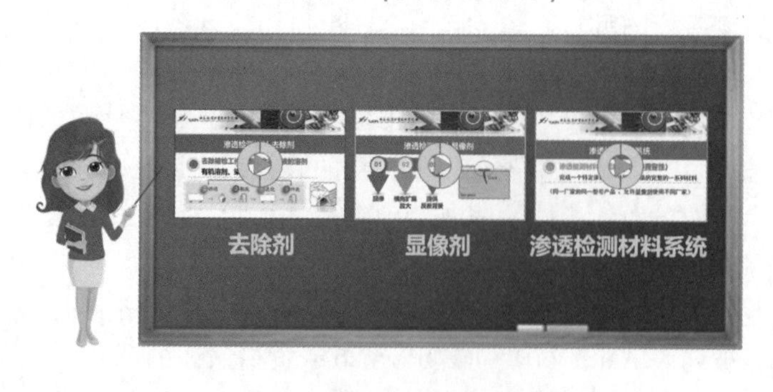

第 7 讲电子课件

学习报告单

教学内容	学习情境 3　渗透检测材料（6 学时）
教学活动	班课考勤、知识储备、通道讨论、项目测试、自我评价
智能助学	渗透检测 无敌好 资源 成员 活动 消息 详情 导出/报告 分组 发布教学包
知识储备 任务拓展 （学员填写）	

班课评价

考核内容	资源学习	班课考勤	直播讨论	项目测试	老师点赞加分	课堂表现
权重比	40%	10%	20%	20%	5%	5%
系统分值						

双向评价 （自我评价 & 教师评价）			
报告人 （学号姓名）		报告日期	年　　月　　日

学习情境 4
渗透检测设备

【情境引入】

渗透检测设备是渗透探伤体系可靠性的重要内容，选择渗透检测设备时需要考虑被检工件的外形、数量，以及检测缺陷的类型、检测材料的种类、操作目的、实施条件、经济成本等。渗透检测设备包括渗透检测装置、黑光灯、照度计、灵敏度试块等，使用中的仪器设备应进行定期的控制校验。

【情境目标】

学习目标

1. 知识目标

（1）掌握灵敏度试块的分类、特点及用途；

（2）熟悉便携式、固定式两种渗透检测装置的组成及使用；

（3）明确黑光灯的组成及使用注意事项。

2. 能力目标

（1）储备核心知识，提升专业素养；

（2）增强应用能力及创新能力。

素养目标

（1）具备严谨科学、精益求精的专业精神；

（2）树立良好的质量意识和责任意识。

【知识链接】

课前回顾

班课活动（扫码答问题）

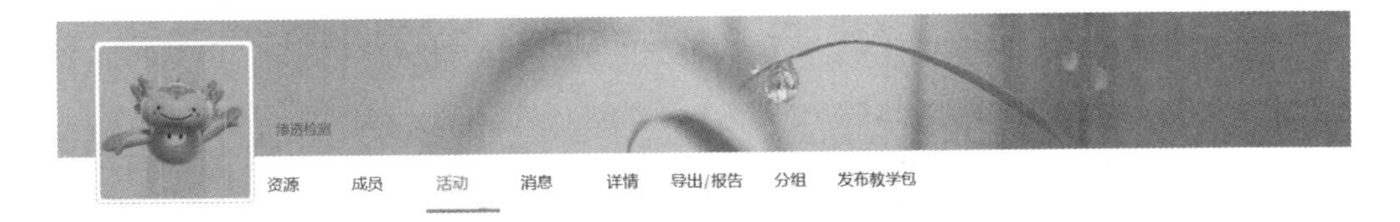

提问与回答

模块一　灵敏度试块

➢ 分解任务

（1）灵敏度试块的主要作用是什么？

（2）常用灵敏度试块的分类、特点及用途是什么？

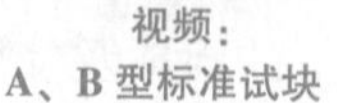

视频：
A、B 型标准试块

视频：C 型、
组合标准试块

➢ 知识储备

系统性能测试是渗透检测质量及可靠性的重要保障，而灵敏度试块则是测试系统性能的标准参考物，它是带有人为制作缺陷或非人为自然缺陷的试件，用以测试渗透探伤的灵敏度，看能否发现要求检测到的缺陷。

灵敏度试块的主要作用如图 4－1 所示。

图 4－1　灵敏度试块的主要作用

（1）校验系统性能，以确定渗透检测系统的相对优劣；

（2）校验系统灵敏度，以评价渗透检测系统和工艺的灵敏度；

（3）进行工艺性试验，以确定渗透检测的工艺参数，如渗透时间、温度，乳化时间、温度，干燥时间、温度等。

1. 铝合金淬火裂纹试块

铝合金淬火裂纹试块如图 4－2 所示，中华人民共和国机械行业标准 JB/T 6064 称其为A 型试块（注意不同标准叫法不同）。

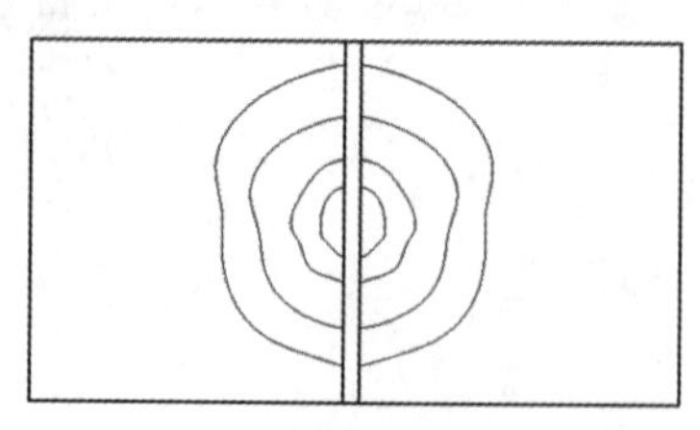

图 4－2　铝合金淬火裂纹试块

1）A 型试块的制作

首先截取合适的铝合金板片，用喷灯加热其正中央，直至温度达到 510～530 ℃；紧接着急冷淬火使表面炸开，呈现中心集中、沿中心扩展状态；最后开槽，形成两个分离的半区，两端大致为对称状态。

2）A 型试块的特点

A 型试块的特点如图 4－3 所示。A 型试块制作简单，随时可做，价格低；急冷淬火使表面炸开，产生的裂纹并非人为制作，其宽、深、长尺寸不可控，形状类似自然裂纹；由于淬火裂纹开口特别大，太容易出现，所以不能用于材料灵敏度评价；由于清洗困难，多次使用后材料残留，不断累积，造成缺陷堵塞，空间狭小，渗透液渗入量小，因此重现性差，一般使用次数不超过 3 次。

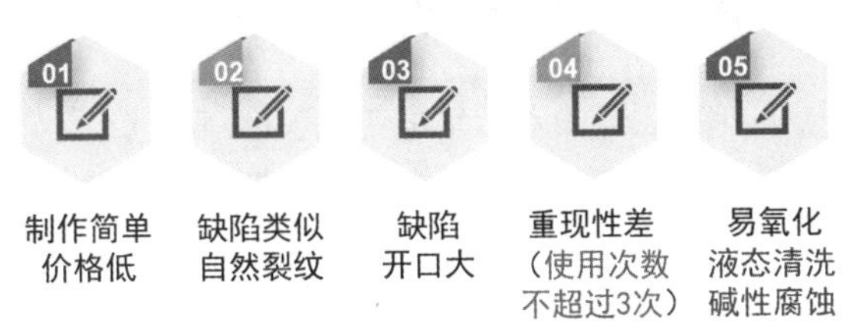

图 4－3　A 型试块的特点

【注意】

铝是两性金属，在空气中很容易氧化，因此要尽可能在液态清洗，尽可能洗出材料。因为显像剂呈弱碱性，所以对其有腐蚀性。

3）A 型试块的作用

A 型试块用于灵敏度对比试验，具体包括同种工艺条件下（如水洗型），不同渗透液灵敏度对比试验；同组渗透检测材料，不同工艺条件下（如水洗型、后乳化型）的灵敏度对比试验。

2. 不锈钢镀铬裂纹试块

不锈钢镀铬裂纹试块如图 4－4 所示，中华人民共和国机械行业标准 JB/T 6064 称其为 B 型试块。

1）B 型试块的制作

首先选取合适的不锈钢板片，顶面形成微米级镀铬层；然后背后打点顶面，使脆层崩开，形成辐射状裂纹。使用 B 型试块前需要记录合格标准，可以是 1∶1 的图像照片（裂纹的多少、大小以及形状一目了然），也可以画图并进行文字描述，经校验无明显差距即合格。

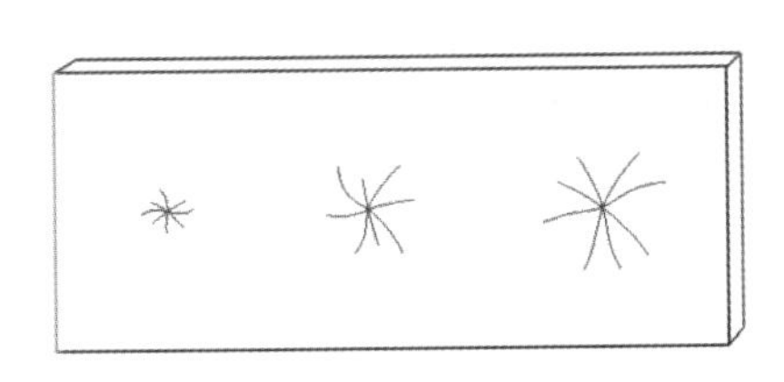

图 4－4　不锈钢镀铬裂纹试块

B 型试块常用形式有三点和五点两种（图 4－5），其中三点 B 型试块多用于着色，着色是不分灵敏度的，表明出现即可，标准对此规定也不明确，只能参考；五点 B 型试块的重要功能之一就是验证渗透液的灵敏度。根据中华人民共和国国家军用标准 GJB2367A－2005 规定，渗透液灵敏度等级与显示点数如表 4－1 所示。

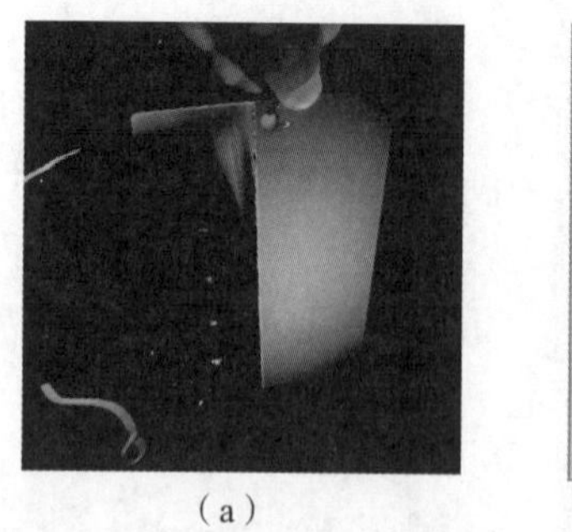
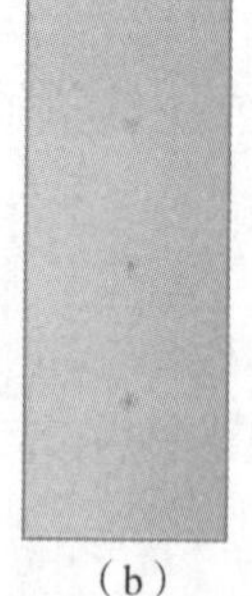

（a）　　　　　　（b）

图4－5　B型试块常用形式（附彩插）

（a）五点B型试块；（b）三点B型试块

表4－1　灵敏度等级与显示点数

灵敏度等级	显示点数	灵敏度等级	显示点数
1/2级	1	3级	4
1级	2	4级	5
2级	3	验证渗透液灵敏度	

渗透液的灵敏度和B型试块上缺陷显示的数量存在对应关系，如灵敏度为2级，人工缺陷显示点数应不少于3点；灵敏度为4级，人工缺陷显示点数应不少于5点。

2）B型试块的特点

B型试块的特点如图4－6所示。B型试块裂纹深度尺寸可控，一般不超过镀铬层的厚度。镀铬层很薄，其特点是很脆，难免会出现裂纹；不同大小的压痕可形成不同尺寸的裂纹，且开口裂纹细小；相比于C型试块而言，B型试块制作工艺简单；由于B型试块材料以及裂纹形成的原因不同，所以不容易造成缺陷堵塞，重复使用性好，使用周期长；使用方便，易于清洗。

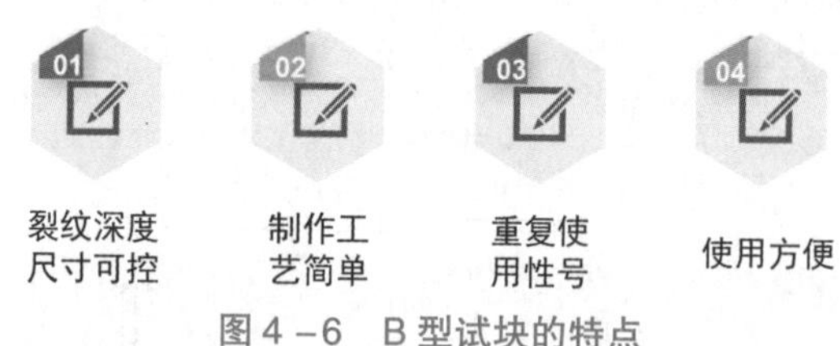

图4－6　B型试块的特点

3）B型试块的作用

B型试块用于检查渗透检测操作方法的正确性，定性检查渗透检测系统的灵敏度等级。通过实际显示图像与标准工艺照片的对照，主要观察缺陷的大小和显示亮度。

3. 黄铜板镀镍铬层裂纹试块

黄铜板镀镍铬层裂纹试块如图4－7所示，中华人民共和国机械行业标准JB/T 6064称其为C型试块。

1）C型试块的制作

首先截取试板磨光，先镀镍再镀铬，以形成良好的防护性，其缺点是易脆裂；然后置于夹具面弯曲产生裂纹；最后在垂直裂纹方向切开，试块裂纹两半互相对应。等轴圆柱面夹具弯曲产生的裂纹等距分布，开口宽度相同；变曲面夹具弯曲产生的裂纹从夹持位向外由密到疏排列，开口宽度由大到小变化。

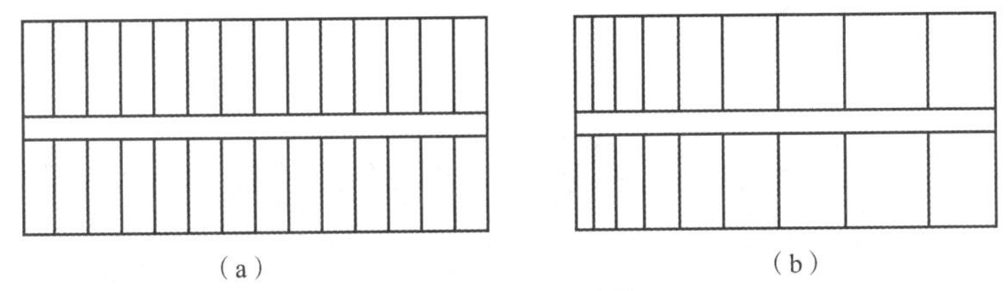

图4－7　C型试块

（a）等距离分布裂纹（等轴圆柱面夹具）；（b）由密到疏排列裂纹（变曲面夹具）

2）C型试块的特点

C型试块的特点如图4－8所示。C型试块开口可以有效校正、可控，但制作费用较高，成活率低，工序复杂；镀层表面光洁如镜，与实际工件检验情况差异较大；裂纹较浅，易于清洗，不易堵塞，重复使用性好。

图4－8　C型试块的特点

3）C型试块的作用

C型试块共4组，分别带有不同宽度、不同深度的裂纹，对应不同灵敏度级别，通过宽度、深度的测定确定相应级别。其中，开口最浅、最小的宽0.5 μm、深2 μm细微裂纹用于确定超高灵敏度。

总之，C型试块用于定量鉴别渗透液性能和灵敏度等级，做对比试验。

知识点：
五点试块
的使用说明

4. 组合试块

组合试块是常用的综合试块，如图4－9所示。其正面分为两个区域，镀铬面有5个按尺寸大小依次排列的辐射状裂纹缺陷，所以俗称为五点试块。

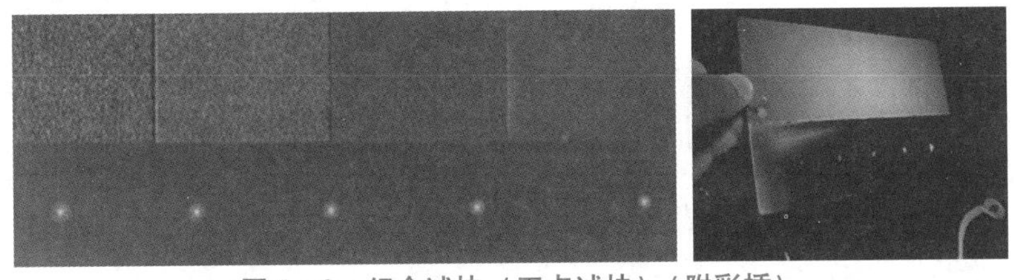

图4－9　组合试块（五点试块）（附彩插）

五点试块用于验证渗透检测工艺的有效性及渗透检测材料的灵敏度。五点试块的吹砂面粗糙度唯一，用于测试渗诱液的可去除性，即清洗的难易程度，相比效率高。

【备注】

欧标ISO 3452－3标准规定，可清洗区分为4个不同的粗糙度区域，可进一步实现精细校验。

5. 自然缺陷试块

自然缺陷试块就是日常检测的工件，是从加工产品中挑选出来的典型的、有代表性的工件，比如整批叶片常常出现裂纹，则选择叶片作为缺陷试块，如图 4－10 所示。

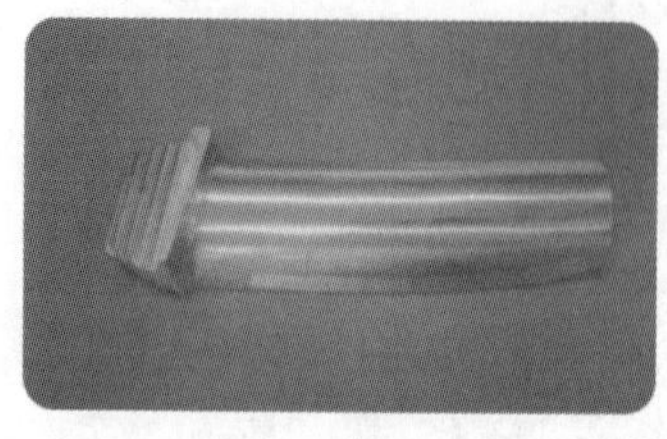

图 4－10　自然缺陷试块（附彩插）

自然缺陷试块的选择原则如下。

（1）由于裂纹最危险，继续扩展将断开，因此通常选择带有裂纹的试块。

（2）最好选择带有细小缺陷的试件，比如锻件折叠。

（3）同时还要选择浅而宽的缺陷，因为浅而宽的缺陷容易漏检。

选择好自然缺陷试件，应用最方便的草图或照相方法记录缺陷的位置和大小，作为校验对照的基准和依据，以更好地验证系统在检测此工件时能否有效检出缺陷。

A 型、B 型、C 型试块可用于校验系统，而自然缺陷试块不能用于校验系统，只能验证相同零件检测时缺陷是否可以被检出。

概论、名词术语、物理化学基础、材料和设备综合测试（限时 25 min）

班课活动（扫码测试）

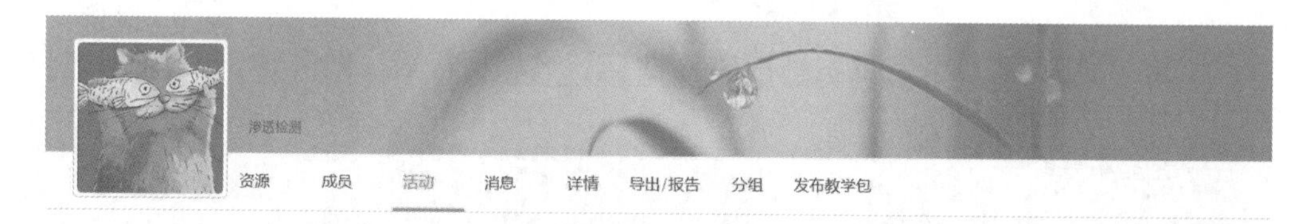

教学课件库（扫码看课件）

第 8 讲电子课件

课前回顾

班课活动（扫码测试）

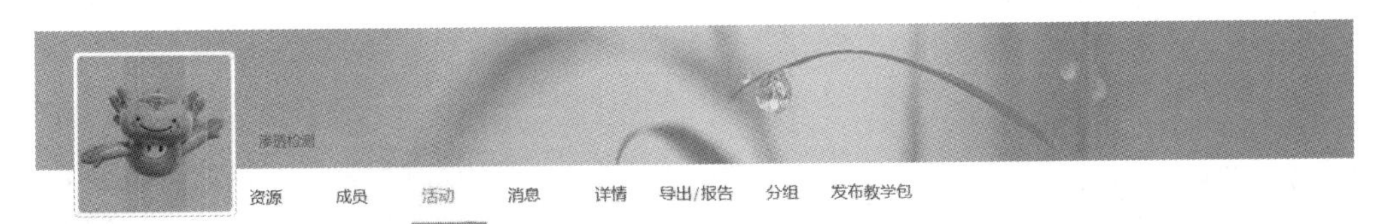

课前测试

模块二　渗透检测装置

➤ 分解任务

（1）便携式压力喷罐装置、固定式渗透检测装置的组成是什么？

（2）黑光灯的使用注意事项是什么？

（3）静电喷涂装置的工作原理是什么？

视频：
渗透检测装置（1）

视频：
渗透检测装置（2）

➤ 知识储备

渗透检测装置形式上分为固定式装置、整体式装置、便携式压力喷罐装置、静电喷涂装置、自动化或半自动化渗透检验装置等。固定式装置是由一系列分离装置组成的，按照工艺操作顺序排列。整体式装置是根据实际使用的场地排布组成的，按照工艺操作顺序排列。在没有固定式设备、无水无电野外作业条件下，或对大零件进行局部检测时，采用便携式压力喷罐装置。静电喷涂装置得到广泛应用。半自动化渗透检测装置居多，其发展方向是全自动化，但因为它自始至终都离不开人的作用，所以实现起来有难度。

1. 便携式压力喷罐装置

便携式压力喷罐装置如图 4－11 所示，按下喷嘴后渗透检测材料呈雾状喷射出来。成套购置时具体包括 1 瓶渗透液、2 瓶显像剂、3 瓶清洗剂，内装喷涂材料有渗透剂、清洗剂和显像剂，同时需要配备干净的擦拭物。

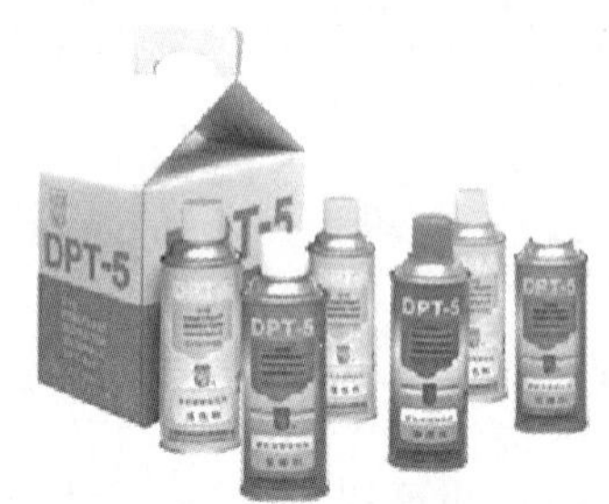

图 4－11　便携式压力喷罐装置

便携式压力喷罐装置的使用注意事项如下。

（1）喷嘴处处于特厚液体状态，即未达雾化状态，因此实际检测时要求喷嘴与工件表面的距离至少为 300～400 mm（半臂距离），以完成雾化施加。

（2）罐体内成分易挥发，当温度升高时，其压力升高，一旦超过承受能力，将会产生爆炸，因此切忌热源。

（3）天冷时罐体压力不够，通常用 20～30 ℃（即低于 50 ℃）的温水浸泡。

（4）空罐遗弃，以免伤人。

素养育人：
建立安全意识，
改变思维钝化

2. 固定式装置

渗透检测工作场所的流动性不大，工件数量较多，因此布置流水作业线时，一般采用固定式装置。固定式装置如图 4－12 所示，根据被检工件的大小、数量和现场的情况，按照渗透检测工艺程序合理排列。固定式装置由一系列分离装置组成，主要包括预清洗装置、渗透装置、乳化装置、水洗装置、干燥装置、显像装置和检验装置等。

图4－12　固定式装置

1）预清洗装置

预清洗是渗透检测的第一道工序，目的是打开堵塞缺陷，进行有效的表面准备。预清洗装置有蒸汽除油槽、溶剂清洗槽、超声波清洗机、酸性或碱性腐蚀槽等多种。

三氯乙烯蒸气除油装置如图4－13所示，底部加热器加热三氯乙烯溶液产生蒸气，蒸气遇到蒸气区的工件便会迅速冷凝，从而溶解工件表面的油污，直至工件表面温度上升到蒸气温度时除油结束。继续上升的蒸气面到达冷凝管（蛇形紫铜弯管，紧靠槽内侧，连续通冷水冷却）处时发生冷凝，三氯乙烯液通过冷凝集液槽重新回流至槽内重复使用。槽上部的抽风口可抽掉挥发在槽口的三氯乙烯蒸气。设备不用时，应将滑动盖板盖好。

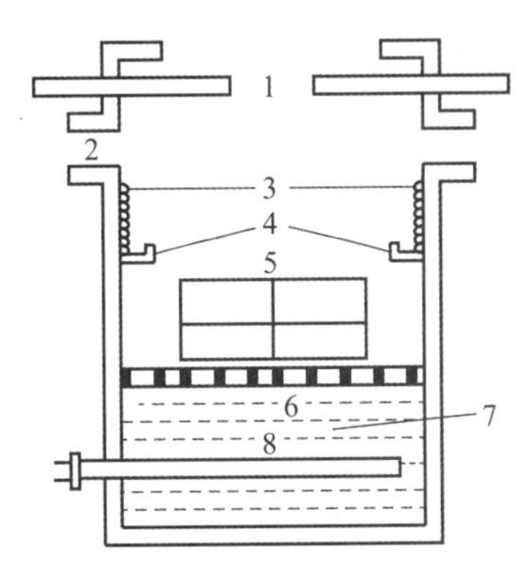

图4－13　三氯乙烯蒸气除油装置

1—滑动盖板；2—抽风口；3—冷凝管；4—冷凝集液槽；5—零件筐；6—格栅；7—三氯乙烯溶液；8—加热器

三氯乙烯为无色液体，其溶油能力非常强，比汽油强得多，且蒸气状态下的溶油能力更强。三氯乙烯蒸气除油属于溶剂清洗方法，在工业上广泛用于去除金属、玻璃及电子元件表面油污的清洗剂。三氯乙烯有毒，吸入后对人体伤害较大。

三氯乙烯蒸气除油操作注意事项如下。

（1）中性的三氯乙烯受光、热、氧的作用易分解成酸性物质，对金属零件产生腐蚀，因此需要经常测量酸度值。

（2）三氯乙烯易与钛合金发生化学反应，除油前必须添加特殊抑制剂，进行热处理以消除应力。

（3）橡胶、塑料、涂漆工件不能采用三氯乙烯蒸气除油，它们会受到三氯乙烯的破坏。

（4）重油污工件需先用煤油或汽油进行清洗再除油。

（5）铝、镁合金工件在除油前要彻底清除屑末，以防止铝、镁屑掉进槽中与三氯乙烯反应使槽液变酸。

（6）潮湿工件必须干燥后才能除油。

超声波清洗机如图4－14所示。超声波清洗是超声波结合有机溶剂去除工件表面油污的机械清理方法，它适用于小批量工件的清洗。

进行机械加工时，零件的屑末会掉到不连续的缝隙中形成封堵，因此对所有经过机械加工的工件都要采用酸碱腐蚀槽实施酸碱清洗的化学方法形成一定的去除量，去除量基本上都是几微米，使缺陷完全暴露在表面。注意碱洗主要用于轻合金，如铝、镁等；酸洗主要用于钛合金等。

图 4－14　超声波清洗机

洗涤剂清洗是采用溶剂清洗槽，利用超级清洗剂搅拌清洗，与脂类形成良好溶解性。

2）渗透装置和乳化装置

渗透装置和乳化装置结构相似，一般用不锈钢板焊接而成，如图 4－15 所示。渗透施加最好的方式就是浸涂。对大型结构件，如长 20 m 的机翼大梁、壁板等进行渗透检测时，如果浸涂施加，势必需要庞大的渗透液槽、很大的工作场地以及大量的渗透液，在实际中很难实现，为此采用目前广泛使用的静电喷涂方法。进行在役检查的时候，浸涂施加是不现实的，加之受到周边操作条件的影响，也不可能实施喷涂，否则不检查的地方也会被弄得很脏，很难清理，只能用小刷子刷涂，在渗透时间内不停补充渗透液，使被检工件保持润湿状态。

图 4－15　渗透装置

渗透装置设置有滴落架，与渗透液槽做成一体，目的是防止不必要的背景干扰，不缩短渗透检测材料的使用寿命。

乳化装置是后乳化型渗透检测的必要设备，内装浆式机械搅拌器，通过搅拌带入、层层剥离形成清洁表面。

3）水洗装置

常用的水洗装置有喷洗槽、喷枪等。水喷洗槽如图 4－16 所示，喷嘴安装在槽子的所有侧面，形成扇形喷射。软管喷枪如图 4－17 所示，是一种高压清洗枪。渗透检测水洗的目的是将工件表面洗干净，而缺陷中的渗透液应尽量维持，因此渗透检测用的喷枪较高档，它有一定的悬弧角度，要求射出的水珠要粗大，要超过检测缺陷的缝隙，喷射流的形状呈伞形。

图 4－16　水喷洗槽

4）干燥装置

常用的干燥方法有压缩空气或热风吹干、热空气循环烘干装置烘干等，但最好结合使用多种干燥方法，即零件清洗完成后，首先用压缩空气将凹坑、盲孔等处的水珠吹一下，保证所有零件处于相同的干燥状态，然后放入热空气循环烘干装置

（图 4－18）进行烘干。

图 4－17　软管喷枪

图 4－18　热空气循环烘干装置

5）显像装置

显像装置分为湿式和干式两大类。干粉显像方式最好用，大量用于荧光渗透检测，采用喷粉柜喷涂施加。喷粉柜结构示意如图 4－19 所示。加热器使柜中粉末保持干燥松散，压缩空气经带有小孔的压缩空气管通入，吹扬显像粉使其呈粉雾状，类似沙尘暴，充满整个密封空间。非水湿显像方式通常使用喷罐，注意摇匀后使用。含水湿显像方式处理不好会出现流痕，产生虚假显示，同时其灵敏度等级不如干粉显像方式。

【注意】

干粉显像方式和非水湿显像方式是先干后显，含水湿显像方式是先显后干。

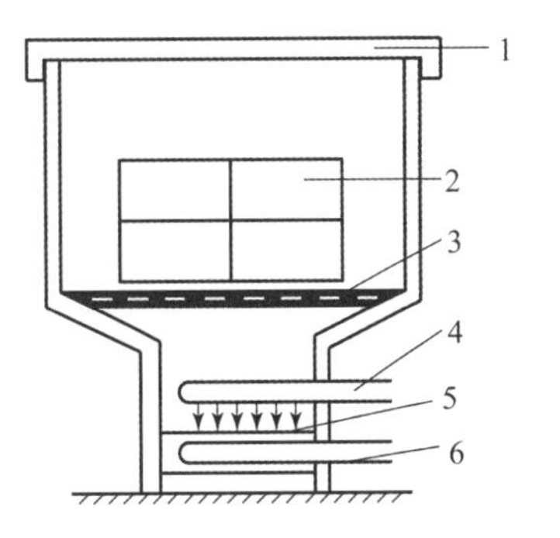

图 4－19　喷粉柜结构示意

1—密封盖；2—零件筐；
3—格栅；4—压缩空气管；
5—显像粉；6—加热器

6）检验装置

采用荧光法检测时，必须有暗室，暗室内应配备标准的黑光源和白光照明装置，其工作现场如图 4－20 所示。

能够产生黑光的光源有以下 4 种。

①白炽灯——不能产生大量的紫外线，因此不能用于荧光渗透检测。

②金属弧或碳弧灯——在两电极之间能放出大量的紫外线，但输出不稳定，也不能当作黑光光源使用。

③管状荧光灯——能输出低强度的稳定黑光，可作为黑光源，但用于渗透检测时强度往往不够。

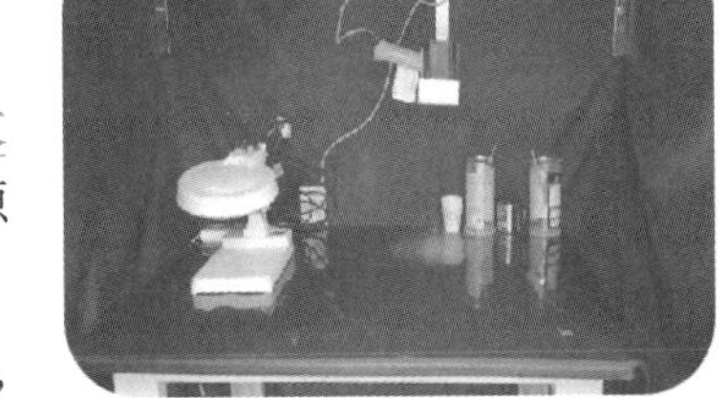

图 4－20　渗透检测暗室工作现场

④高压水银蒸气弧光灯——能提供高强度稳定输出的黑光，故广泛用作渗透检测的黑光源。高压水银蒸气弧光灯的结构如图 4－21 所示。

高压水银蒸气弧光灯的顶端为螺口，类似家用灯泡。开始通电时，主、辅电极首先通过石英管内的氖气产生电极放电，促使石英管内水银蒸发，导致两主电极之间连通，从而产生电弧放电，点燃亮起。刚开始蒸气是不稳定的，需要预热 5～10 min，实际现场至少预热15 min，以保证输出稳定。两主电极稳定放电时，管内水银蒸气压力较高，达4~5个大气压，因此称为高压水银蒸气弧光灯，而并非指其接有高压电源。

(1) 黑光灯。

黑光灯是荧光渗透检测必备的照明装置，是一种特制的气体放电灯，能放射出一种人看不见的紫外线，它是由高压水银蒸汽弧光灯、紫外线滤光片和镇流器所组成的，现在主要使用LED黑光灯，如图4－22所示。通过加装深紫色耐热玻璃滤光片，有效滤除对人体有害的中短波和有害白光；通过镇流器有效保证工作过程中电流的稳定性，例如过载或突然熄灭来保持电路的稳定性。

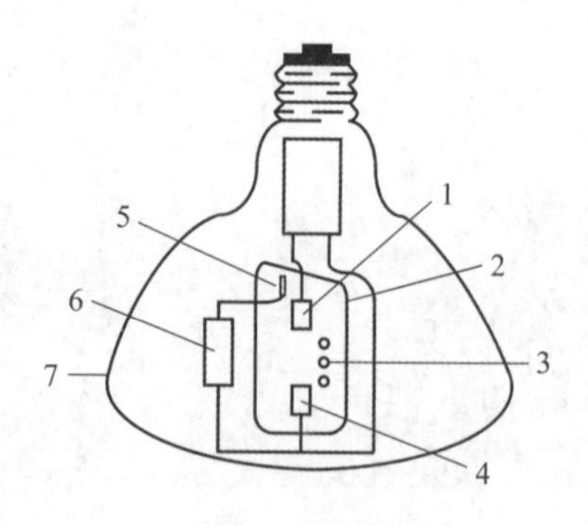

图4－21　高压水银蒸气弧光灯的结构

1，4—主电极；2—石英管；3—水银和氖气；5—辅电极；6—限流电阻；7—玻璃外壳

图4－22　LED黑光灯

黑光灯的使用注意事项如下。

①在检验工作前预热15 min。

②尽量减少不必要的开关次数，以延长黑光灯的使用寿命。因为断电瞬间镇流器上产生阻止电流减小的反向电动势，使两个主电极间的电压高于电源电压，从而造成瞬间击穿状态，每开关一次寿命缩短3 h。

③为保证黑光灯有足够的发光强度和检测灵敏度，使用中应定期校验辐照度。

④电源电压波动超过10%时应配备稳压器。

⑤黑光灯使用时间不能很长，否则会造成眼睛疲劳。

⑥黑光灯不能直射眼睛，以防少量白光泄漏而损害视力。

⑦应及时清除滤光片上的脏污，以免影响黑光的发出。

⑧滤光片不要与冷物体接触，以防止遇冷炸裂。

⑨滤光片破裂应及时更新，以防止可见光和中、短波紫外光通过。

在使用过程中，黑光灯的辐照度会不断降低或出现变化，其主要原因是：黑光灯本身存在质量差异，同批购买的黑光灯，其辐照度为2 000 μW/cm^{2}或3 000 μW/cm^{2}是很正常的；黑光灯所输出的功率与所施加电压成正比；随着使用时间的不断增加，黑光灯的输出功率不断降低，在接近寿命终了时，输出功率可能下降至新灯的25%，黑光辐照度接近1 000 μW/cm^2，另外，由于黑光灯被包在灯罩中，温度较高，在使用过程中会突然熄灭，再打开势必影响寿命；黑光灯上集积的灰尘造成透光效果降低，严重降低黑光灯的输出功率；黑光灯的使用电压超过额定电压时，其寿命会缩短。黑光灯辐照度降低或变化的主要原因如图4－23所示。

图4－23　黑光灯辐照度降低或变化的主要原因

提出问题1：125 W黑光灯最长使用时间的限制是什么？A. 8 h；B. 12 h；C. 无限制

提出问题2：当黑光灯照射工件的时候会闻到一股味道，其来源是什么？

（2）照度计。

照度计是用于测定黑光辐照度和白光照度的专用仪器。相关标准规定：荧光渗透检验时，距离黑光灯滤光片表面380 mm处黑光辐照度应不低于1 000 μW/cm^2；自显像检验时，距离黑光灯滤光片表面150 mm处黑光辐照度应不低于3 000 μW/cm^2。监控水洗工位的黑光辐照度一般客户规范为100 μW/cm^2（空客公司和波音公司）。现在使用的都是数字照度计，其为直接测量型仪器，如图4－24所示。

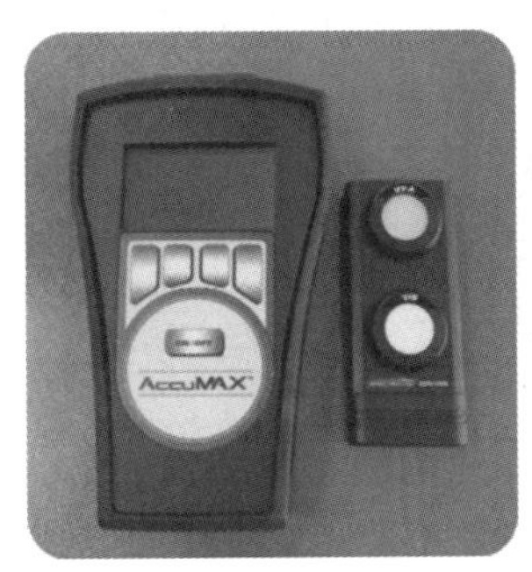

图4－24　数字照度计

3. 静电喷涂装置

检测大型结构件时，如果采用浸涂方法，就需要较大的渗透槽、水洗槽、工作场地和大量的渗透检测材料等，实施检测是比较困难，故常采用静电喷涂装置。静电喷涂原理示意如图4－25所示。喷枪接通负高压，一般80 kV左右电极使喷出的渗透检测材料感应带负电，零件接地为阳极，在高压静电场的作用下，渗透检测材料喷射量的70%以上被均匀吸附到零件表面。由于静电喷涂工艺方法简便、渗透剂浪费少、不必进行多余的质量控制，具有节省工作场地、节省渗透检测材料、减少空气污染等优点，所以它得到比较广泛的应用。

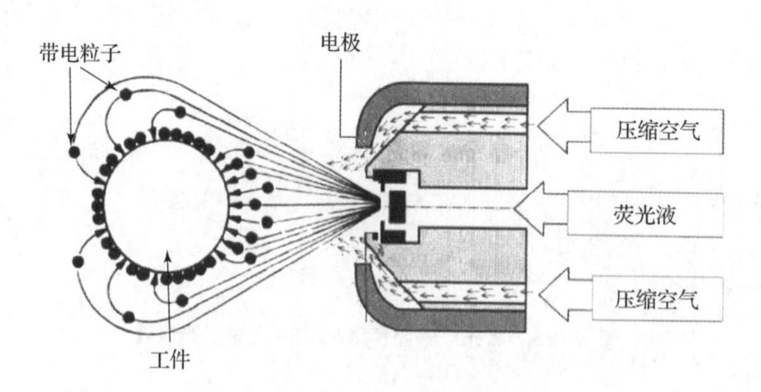

图 4-25　静电喷涂原理示意

（1）静电喷涂是根据物理基本定律，利用极性相反的带电粒子互相吸引的现象进行操作的。如图 4-26 所示，被检工件接正极并接地，喷头装有负高压电极，喷出的渗透剂或显像剂经过负高压电极感应带负电，在高压静电场的作用下被吸引到离喷头最近的带正电的工件表面，只要调整好喷枪与工件表面之间的距离（通常为 200～300 mm），就可以保证喷射量的 70% 以上被吸附到工件表面。

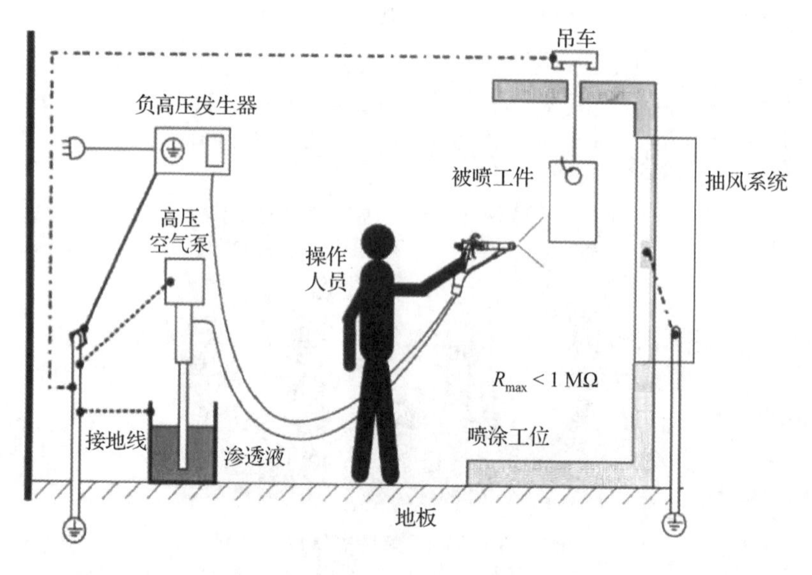

图 4-26　静电喷涂操作示意

（2）静电喷涂时，渗透剂或显像剂在静电场的作用下被吸附到工件表面，与工件表面结合紧密，能快速形成均匀的渗透剂或显像剂薄膜。喷涂的渗透剂或显像剂不再回收使用，以避免渗透剂或显像剂的污染，也可减少渗透检测的质量控制项目测试。渗透剂和显像剂都要求具有大电阻，以避免产生逆弧而使操作人员受到电击。

静电喷涂装置由负高压发生器、高压空气泵、粉末漏斗桶、渗透液喷枪、显像剂喷枪等组成。负高压发生器有两个负高压输出插孔，分别给渗透液喷枪和显像剂喷枪提供负高压。负高压发生器中装有过电流自动保护装置，发生电流过载时，负高压发生器自动断电。高压空气泵用来将渗透剂加压送入喷枪进行喷涂。粉末漏斗桶用来将显像剂压入显像剂喷枪中进行喷粉显像。

渗透液和显像剂喷枪的作用是施加渗透液和显像剂，喷枪手柄上装有低压开关，与负高压发生器上的继电器连通，开关打开时，继电器工作，在喷头产生高压静电，枪柄上还装有触发安全锁，以保证在喷枪偶然落地或碰撞时停止工作，使渗透液或显像剂不会喷射出来。

在喷涂现场，除了被喷涂的工件外，操作人员、喷涂室的侧面以及工件附近的物品都是接地的，要注意不要让喷头接近它们，以免渗透检测材料喷到它们。喷涂时，喷头不要距离工件太近以免产生火花放电而损害工件。另外，由于电场的特性，渗透液不能很好地覆盖一些孔洞部位的内表面。

静电喷涂方法特别适用于检测一些采用电子束或者激光束加工的、有良好冷却空气孔的涡轮叶片，因为在电场的影响下渗透液不会渗透到这些孔中，但能很好地渗透到邻近的裂纹中，从而达到很好的检测效果。

静电喷涂装置及喷涂工位如图4－27所示，显像工位及喷涂装置如图4－28所示，静电喷涂试件如图4－29所示。

图4－27　静电喷涂装置及喷涂工位（附彩插）

图4－28　显像工位及喷涂装置

图4－29　静电喷涂试件（附彩插）

班课活动（扫码测试）

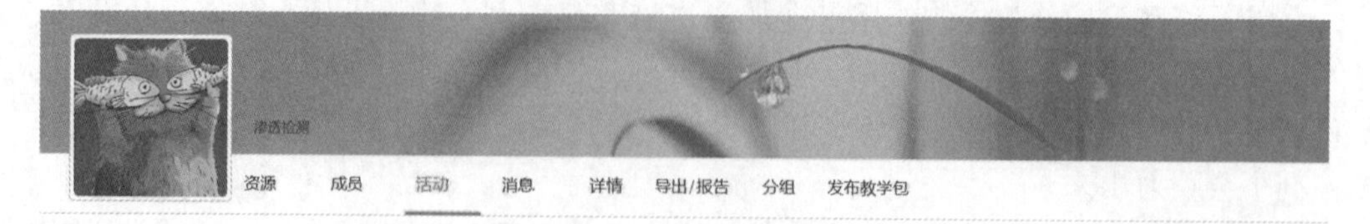

渗透检测设备
（限时 10 min）

教学课件库（扫码看课件）

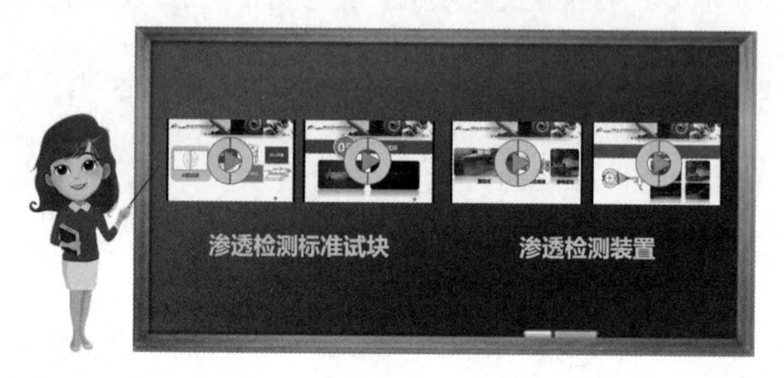

第 9 讲电子课件

学习报告单

教学内容	学习情境 4　渗透检测设备（4 学时）
教学活动	班课考勤、知识储备、通道讨论、项目测试、自我评价
智能助学	渗透检测 无敌好 资源 成员 活动 消息 详情 导出/报告 分组 发布教学包
知识储备 任务拓展 （学员填写）	

班课评价

考核内容	资源学习	班课考勤	直播讨论	项目测试	老师点赞加分	课堂表现
权重比	40%	10%	20%	20%	5%	5%
系统分值						

双向评价 （自我评价 & 教师评价）			
报告人 （学号姓名）		报告日期	年　　月　　日

学习情境5 渗透检测步骤与工艺

【情境引入】

渗透检测对缺陷的检出能力取决于渗透液的性能和操作方法的正确与否。如果渗透检测操作不当，即使采用了性能优良的渗透液，也不能得到较高的检出灵敏度。为了对缺陷显示做出正确判断，操作过程中应该注意：在渗透检测前应对工件表面及缺陷缝隙等进行预处理，使渗透液充分渗入缺陷；在清洗处理阶段，只去除工件表面附着的渗透液，而有效保留渗入缺陷的渗透液；为了形成明显的缺陷图像，必须选取最佳显像条件，并使其在整个处理过程中保持相对稳定。

【情境目标】

学习目标

1. 知识目标

（1）掌握渗透检测基本步骤；

（2）掌握典型渗透检测的工艺过程及特点；

（3）掌握渗透检测的方法选择与工序安排原则。

2. 能力目标

（1）储备核心知识，提升专业素养；

（2）增强应用能力及创新能力。

素养目标

（1）具备严谨科学、精益求精的专业精神；

（2）树立良好的质量意识和责任意识。

【知识链接】

课前回顾

班课活动（扫码答问题）

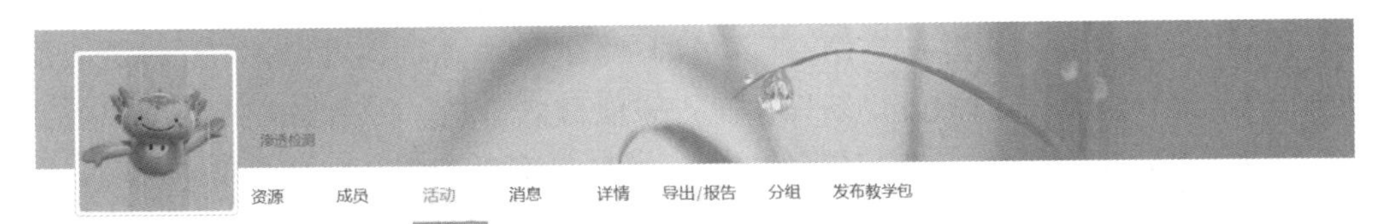

提问与回答

模块一 渗透检测基本步骤

➢ 分解任务

（1）渗透检测基本步骤包括哪几个阶段？

（2）渗透检测的工艺要求与注意事项是什么？

视频：渗透检测基本步骤（1）

视频：渗透检测基本步骤（2）

视频：渗透检测基本步骤（3）

➢ 知识储备

渗透检测虽然存在方法差异，但其基本步骤都是一样的，即包括预清洗、渗透、去除、干燥、显像、检验和后清洗等 7 个主要步骤，如图 5－1 所示。由于后清洗工作现场基本不做，所以渗透检测的基本步骤包括 6 个：预清洗、渗透、去除、干燥、显像、检验。

图 5－1 渗透检测基本步骤

素养育人：练就过硬本领，安全保驾护航

提出问题 1：在 6 个基本步骤中，你认为哪些步骤是最基本的、必须进行的？

1. 工序一：预清洗

预清洗是渗透检测的第一道工序，其目的是去除工件表面的污染物，让渗透液能最大限度地渗入工件表面的开口缺陷，使人眼能有效识别。污染物会妨碍有效的润湿，而渗透检测的先决条件就是良好的润湿；污染物会妨碍渗透液有效渗入缺陷，渗透液量少则析出弱，灵敏度势必降低；污染物会造成虚假显示，给评判增加一定的难度。对局部检测的工件，清洗范围应比要求检测的部位大。GJB 2367A 标准规定：局部进行渗透的零件，预处理的范围一般从检验区域向周围扩展 25 mm 左右。

1）污染物的种类及其影响

被检工件常见的污染物如表 5－1 所示。

油污存在的影响比较广泛。油污会降低渗透液的渗透能力，缩短使用寿命；油污会降低显示强度，掩盖缺陷显示；多数油类物质被黑光灯照射后发浅蓝色光，干扰真正的缺陷显示。

氧化物是两种元素组成的二元化合物。结垢是受热分解析出的白色沉淀物；积碳是胶质、不饱和烃类高温燃烧形成的焦状物。

焊渣是焊接时覆盖在焊道金属上的硬脆物质。在毛刺、氧化物等相应部位，渗透液易保留而产生不相关显示。

渗透检测常采用沁浸的方法，工件中的酸碱会污染使用材料，造成材料快速报废。

渗透检测主要靠水清洗去除工件表面多余渗透液，大部分渗透液与水是不相溶的，缺陷中的水会严重阻碍渗透液的渗入。水洗型渗透液虽与水相溶，但存在一定容水量，超过极限其性能会明显降低。因此，水是渗透检测中最常见的污染物。

磁粉检测需要施加磁介质，在强磁场作用下，磁粉会紧密堵塞缺陷，只有在充分退磁后才能有效去除。超声检测需要施加耦合剂，对渗透检测构成污染。因此，工序安排是很重要的。

表 5－1　被检工件常见的污染物

序号	常见污染物
1	油、油脂
2	氧化物、腐蚀物、结垢、积碳
3	焊接飞溅、焊渣、铁屑、毛刺
4	油漆、涂层
5	酸、碱
6	水及蒸发残留物
7	磁粉、耦合剂

2）污染物的去除方法

常用的污染物去除方法包括3种，即机械清理、化学清洗、溶剂清洗，详见表5－1。

（1）机械清理。

机械清理如表5－2所示。

表 5－2　机械清理

去除方法	适用范围
振动光饰	去除轻微的氧化皮、毛刺、锈、铸件型砂或磨料等（不能用于铝、镁、钛等软金属）
抛光	去除工件表面的积碳、毛刺等
干吹砂	去除氧化皮、熔渣、铸件的型砂、模料、喷涂层和积碳等
湿吹砂	多用于沉积物比较轻微的情况
钢丝刷	去除氧化皮、熔渣、铁屑、铁锈等
超声波清洗	利用超声波的机械振动，去除工件表面的油污，常与有机溶剂结合使用，适用于批量小工件的清洗

振动光饰方法用得较多，即通过工件和磨料间的相互摩擦来增加光度，磨掉毛刺等。其不适用于铝、镁、钛等软金属，因为容易造成工件表面的损坏。

干吹砂是经常使用的方法，采用压缩空气为动力，将喷料高速喷射到工件表面，以产生冲击和切削作用，从而完成有效去除。其中，去除积碳还可以采用化学清洗方法。

与超声波结合的超声波清洗方法最好，也是经常使用的方法，通过与有机溶剂的结合使用，可以有效去除工件表面的油污，适用于批量小工件的清洗。

机械清理注意事项如下。

①机械清理易造成工件表面损坏，特别是软金属；同时，机械清理产生的粉末可能造成堵塞，故应慎用该方法。

②所有经过机械加工的工件都要采用酸碱清洗的化学方法形成一定的去除量，而焊接件和铸件吹砂后可直接进行渗透检测；关键件如涡轮叶片，由于工作状态苛刻，受交变应力和高温作用后细小缺陷会产生断裂，所以吹砂后必须进行酸洗腐蚀工序方可进行渗透检测。

（2）化学清洗。

化学清洗如表5－3所示。

表5－3　化学清洗

去除方法	适用范围
碱洗	去除锈、油污、抛光剂、积碳，多用于铝合金
酸洗	强酸溶液用以去除严重的氧化皮 中等酸度的溶液用以去除轻微氧化皮 弱酸溶液用于去除工件表面微薄层金属，多用于钛合金

化学清洗分为碱洗和酸洗，两者都经常使用，因为机械加工时，工件的屑末会掉到不连续的缝隙中形成封堵，需要采用酸洗或碱洗形成一定的去除量，使缺陷完全暴露在工件表面。碱洗主要用于轻合金，如铝、镁等；酸洗主要用于钛合金等。

化学清洗注意事项如下。

①化学清洗是利用化学反应将工件表面堵塞去掉，对工件表面有一定的腐蚀作用，因此无论是清洗时间，还是清洗浓度，都需要严格控制，以防止过腐蚀造成工件表面的破坏。

②酸洗/碱洗后，首先采用四面八方多喷头设备进行水淋洗，以全部清理掉酸/碱液——因为残留酸/碱液不但会产生腐蚀，还会破坏染料，降低颜色强度和荧光强度，然后烘干去除水分。

③高强度钢工件在酸洗时容易吸进氢气而产生氢脆现象，导致工件使用时发生断裂。因此，清洗完毕应立即在尽可能短的时间内将工件放入烘箱烘烤以除氢。

（3）溶剂清洗。

溶剂清洗如表5－4所示。溶剂清洗包括溶剂液体清洗和溶剂蒸气除油两种方法。

表5－4　溶剂清洗

去除方法	适用范围
溶剂液体清洗	通常用丙酮、汽油、煤油等对焊缝、局部区域进行擦洗
溶剂蒸气除油	去除工件表面油污，通常用三氯乙烯蒸气除油

溶剂液体清洗通常采用丙酮、汽油、煤油等溶剂，与脂类形成良好的溶解性，多应用于焊缝、局部检测。如进行在役检查时，不能腐蚀零件，由于配重等问题也不能拆卸零件，这时就要手工擦拭零件。

溶剂蒸气除油通常指三氯乙烯蒸气除油，其除油效果最明显，使用最方便。

溶剂清洗注意事项如下。

①三氯乙烯受光热作用分解，由中性变为酸性，会对多数金属工件产生腐蚀，因此需要经常测量酸度值。

②三氯乙烯易与钛合金发生化学反应，除油前必须添加特殊抑制剂，还必须进行热处理以消除应力。

③橡胶、塑料、涂漆工件会受到三氯乙烯的破坏，因此不能采用三氯乙烯对其除油。

④铝、镁合金工件特别容易清洗，但在空气中易被腐蚀，因此在除油后需要快速将其浸入渗透液。

⑤重油污工件需先用煤油或汽油进行清洗再除油。

⑥铝、镁合金工件在除油前要彻底清除屑末，以防止屑末掉进槽中与三氯乙烯反应而使槽液变酸。

⑦潮湿零件必须干燥后才能除油。

教学课件库（扫码看课件）

第10讲电子课件

2. 工序二：渗透

预清洗完成后即进入第二个工序——渗透，渗透的目的是施加渗透液覆盖于工件表面，并使渗透液充分渗入表面开口缺陷。施加渗透液的常用方法有浸涂、喷涂、刷涂和浇涂等。在这些渗透方法中，浸涂渗透充分、效率高，是用得最多的方法；喷涂包括野外作业中的便携式压力喷罐喷涂、大型结构件的静电喷涂；在役检查中周边操作条件受到影响时，可采用刷涂方法，但效率低；浇涂用于全部沁浸，局部浇涂。

施加渗透液的基本要求如下。

（1）保持被检测部位被渗透液完全覆盖。

（2）在渗透时间内有效润湿工件。

什么是渗透时间？渗透时间又称为接触时间或停留时间，即从施加渗透液到开始清洗处理（或开始乳化处理）之间的时间。

采用浸涂方法施加渗透液时，渗透时间＝浸没时间＋滴落时间，因为滴落过程中渗透液仍持续渗透作用。滴落的目的是减少渗透液损耗，减少渗透液对乳化剂的污染，同时使多余成分挥发掉，使染料浓度提高，灵敏度提高。GJB 2367A 标准规定：工件浸没时间不大于总渗透时间的一半。

（3）渗透前需要进行工件的保护。将不需要渗透的地方如盲孔、内通孔等，用橡皮塞塞住或用胶纸粘住，以有效防止渗透液渗入这些部位而造成清洗困难。

（4）有效控制温度和时间。渗透温度一般控制在 10～50 ℃，渗透时间最短为 10 min，最长为 4 h。

为什么要控制渗透温度？渗透温度太高，渗透液易干在工件表面，造成清洗困难，且受热成分蒸发导致性能下降；渗透温度太低，渗透液变稠，影响动态渗透参量。波音公司相关文件规定，在 6 ℃以下是不能进行渗透检测的，因为渗透检测材料已经处于黏稠状态，若发纹缺陷，其开口度很小，则已无法浸入了。

提出问题 2：渗透时间是不是越长越好？

渗透时间由工件和渗透液的温度（温度影响粘度）、渗透液的种类、工件种类（铝、镁工件渗透时间短，钛合金工件渗透时间长）、工件表面状态、预期检出的缺陷大小和缺陷的种类等影响因素决定。

（5）实际工件是有凹坑和盲孔的，要保证这些部位沁浸到位，就需要进行必要的翻转。不应浪费积存于盲孔中的渗透检测材料，需要通过必要的翻转将其倒出来。采用沁浸方法的时候，在零件筐中摆放 100～200 个工件，工件与工件叠压，结合紧密处根本接触不到渗透液，所以需要进行必要的翻转。

3. 工序三：去除

去除的目的是将工件表面渗透液去除干净，从而改善背景，提高信噪比。去除的操作要点是防止过洗和欠洗，要做到去除工件表面多余渗透液，保留缺陷内部渗透液，保证合格背景下的最高检测灵敏度。去除方法如图 5－2 所示。水洗型渗透液直接用水去除；亲油性后乳化型渗透液应先乳化，然后用水去除；亲水性后乳化型渗透液应先进行预水洗，然后乳化，最后用水去除；溶剂清洗型渗透液采用溶剂擦拭去除，注意应轻擦。有机溶剂挥发性强，攀升回渗的能力强，如果用力擦，则渗透液刚回渗就被擦掉，到最后析出量过少，无显示结果。

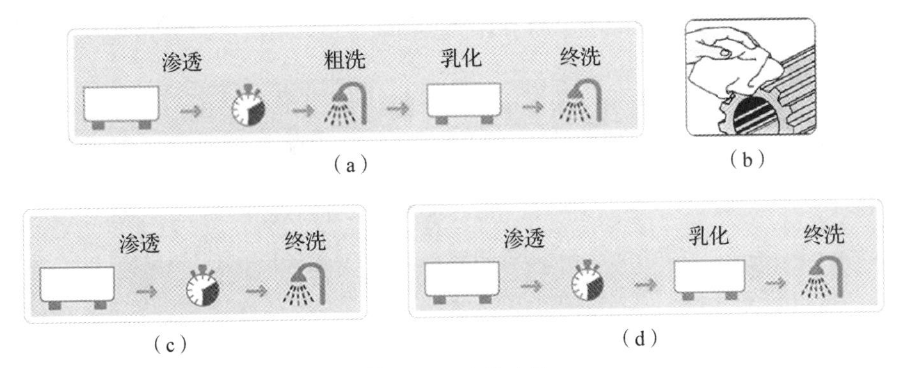

图5－2　去除方法

(a) 亲水性后乳化型渗透液；(b) 溶剂清洗型渗透液；(c) 水洗型渗透液；(d) 亲油性后乳化型渗透液

1）水洗注意事项

(1) 监控水洗，合适背景越短越好。

(2) 水珠应较粗大。

(3) 要不断翻动，以保证各部位被均匀清洗。

(4) 要对水温、水压、距离及角度做有效限定，严格按照规定进行操作。GJB 2367A 标准规定：水温应在 10～40 ℃范围内，水压不高于 0.27 MPa，喷嘴与工件间距不小于 300 mm。

2）乳化注意事项

(1) 施加乳化剂力求均匀，必须浸涂；浇涂时间不好控制；喷涂只能用亲水性乳化剂，因为亲油性乳化剂粘度太高；不能刷涂，一是因为工件各部位乳化程度不一样，二是因为乳化时间不易控制，三是因为有可能将乳化剂带入缺陷而造成过乳化。

(2) 亲油性乳化剂为扩散乳化，乳化前没有粗洗环节，因此在乳化过程中不能翻动或搅动。

(3) 乳化效果与乳化时间密切相关。乳化时间太短则乳化不足，清洗不干净；乳化时间太长则会引起过乳化使检测灵敏度降低。

(4) 乳化时间取决于乳化剂的性能、浓度、受污染程度，渗透液种类，工件粗糙度等，需要根据具体情况通过试验选择最佳乳化时间。实际中需要不断修订乳化时间，比如看颜色（粉红变橙色）、闻味道（臭味）。

GJB 2367A 标准规定：水基乳化剂乳化时间不超过 2 min；油基乳化剂荧光渗透检测乳化时间不超过 3 min；着色渗透检测乳化时间不超过 0.5 min。

(5) 发生过乳化、欠乳化时均需要重新操作。

(6) 检测要求不高时可补充乳化。

3）溶剂擦拭注意事项

(1) 单向轻擦，不得往复擦拭。

(2) 用去除剂充分润湿擦拭物，但不能过饱和。

(3) 切忌用去除剂直接喷洗工件表面，以防造成过清洗。

(4) 监视去除效果。

不同去除方法与缺陷中渗透液维持量的关系示意如图 5－3 所示。可以明显地看到，使用溶剂清洗方法时缺陷中渗透液保留最差，而用干净干布擦除时缺陷中渗透液保留最好。

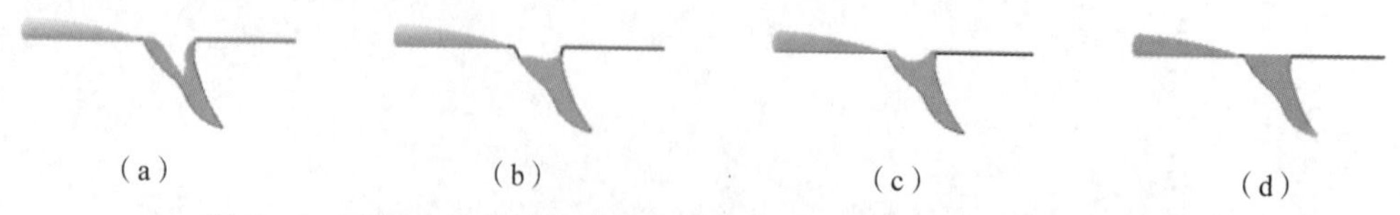

（a）（b）（c）（d）

图5-3 不同去除方法与缺陷中渗透液维持量的关系示意（附彩插）

（a）溶剂清洗；（b）水洗型渗透液的水洗；（c）后乳化渗透液的去除；（d）干净干布擦除

提出问题3：既然用干净干布擦除时缺陷中渗透液保留的最好，那为什么实际中不采用此种方法？

对于溶剂擦拭去除，GJB 2367A 标准规定：首先用清洁而不起毛的擦拭物（棉织品、纸等）擦去多余的渗透液；然后用被去除剂润湿的擦拭物擦去残留的渗透液，注意使用的擦拭物不能被去除剂饱和浸透，更不允许采用浸涂、喷涂或刷涂方法施加去除剂；最后将零件表面用清洁而干燥的擦拭物擦净，或者通过自然挥发晾干。

4. 工序四：干燥

干燥的目的是去除工件表面的水分，使渗透液能充分渗入缺陷或被回渗到显像剂上。干燥时机需要根据表面多余渗透液去除方法和所使用显像剂类型确定。采用溶剂去除时，由于有机溶剂挥发性强，所以无须专门进行干燥处理，停留 1～2 min 即可显像；采用干粉、非水基湿显像时需要将显像剂施加于干燥工件表面，所以是先干后显。常用的干燥方法有干净布擦干、压缩空气吹干或热风吹干、热空气循环烘干装置烘干等，其中热空气循环烘干装置烘干适用于批量工件。在实际大批量检测应用中，工件贴合处内部残留水分相当多，通常很难干燥，常结合使用多种干燥方法，即先将积水用压缩空气吹散，然后将工件放入烘箱烘干，这样的实施效果好。总之，在不影响工件使用的情况下，使用哪种方法都可以。

金属的导热快，当将其放入一槽热水中时，其能快速达到水温，即由低温度快速提升至高温，从而加快烘干速度，这就是所谓的“热浸”技术。实际上，热浸技术多用于工件的预清洗。

干燥注意事项如下。

（1）干燥温度是由工件的材料、结构特点决定的。比如金属材料导热快，干燥温度一般不超过 80 ℃；塑料材料在高温下容易变软化，通常干燥温度在 40 ℃以下，因此需要严格控制干燥温度。

（2）防止过分干燥失去流动性，无法实现毛细作用。在合适背景刚好干的情况下，干燥时间越短越好。干燥时间与工件的材料、尺寸、表面粗糙度，工件表面水分的多少，工件的初始温度和烘干装置的温度等有关，还与每批被干燥的工件数量有关。

（3）干燥温度不宜过高，合适的干燥温度应通过试验确定。

（4）干燥箱适用于批量工件，其干燥温度不超过 70 ℃，在实际现场干燥温度为

62 ℃，控温范围为 ±8 ℃。

（5）注意翻转零件，保证凹坑中无过多积水。

（6）注意防止污染。工序中会出现零件筐，其以清洗为界分为两类，清洗前面的零件筐只能在清洗前面用，清洗后面的零件筐只能在清洗后面用。

5. 工序五：显像

显像是指在工件表面施加显像剂，利用毛细作用原理使缺陷中的渗透液回渗至工件表面，从而形成清晰可见的缺陷显示图像的过程。施加显像剂时，应使显像剂在工件表面形成圆滑均匀的薄层，并以能覆盖工件底色为度。

（1）对于干式显像，采用喷粉柜喷粉是简单快捷的施加显像剂的方式，其爆粉充分；静电喷粉吸附自然。在热工件状态下，显像粉末更松散，更利于显像。

（2）非水基湿显像一般采用便携式压力喷罐装置喷涂，使用前必须充分摇动，使罐体珠子上下晃动，均匀搅动；约定距离为 300～400 mm，角度为 30°～40°，其目的是不形成太大的冲击力冲击工件表面。由于提拉作用强，所以可喷完即看，防止细小缺陷扩散模糊，然后等 3 min 或 10 min 观察记录新的显示。

（3）水基湿显像采用浸涂方法较多，不采用刷涂方法，因为刷涂方法施加显像剂不均匀。

提问与回答

班课活动（扫码答问题）

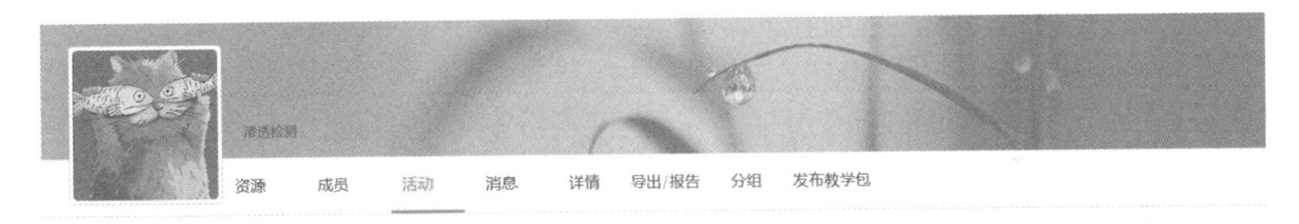

教学课件库（扫码看课件）

第 11 讲电子课件

（4）自显像就是不施加显像剂，利用液体对固体的润湿铺展作用在工件表面形成缺陷显示。由于自行攀升的液量少，所以放大效果弱，基本接近实际尺寸，灵敏度较低，对于细小缺陷显像时间特别长。对要求不高的工件可使用自显像，如陶瓷、铝镁砂型铸件。为了保证足够的灵敏度，通常采用提升材料等级或提升黑光灯强度的方法，如常规要求黑光灯强度不低于 1 000 μm/cm^2，但自显像要求不低于 3 000 μm/cm^2。

显像是不受人为控制的，四面八方可能扩展成一片。若显像时间太长，则缺陷显示过度放大，图像模糊，造成失真；若显像时间太短，则缺陷内的渗透液未及时回渗形成缺陷显示，造成漏检。显像时间取决于显像剂和渗透液的种类、缺陷大小以及被检工件的温度，如折叠是锻压变形产生，由于开口紧密，显像时间较长；疏松开口较大，显像充分，所需显像时间较短。观察和研究表明，缺陷显示的强度最佳点在10 min左右时，显像时间与荧光强度的关系如图5-4所示。

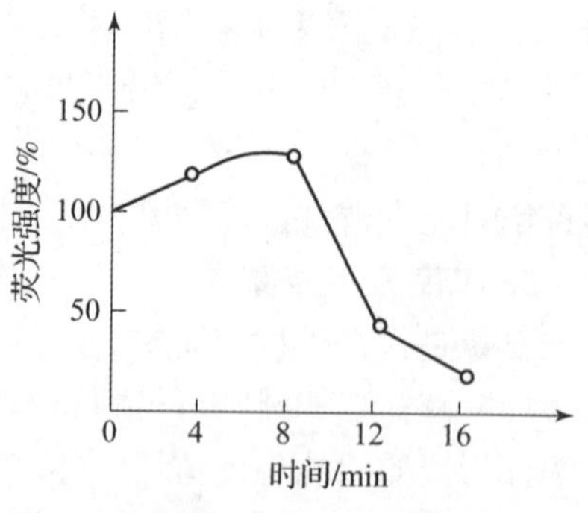

图5-4 显像时间与荧光强度的关系

显像时间规定有最低时间和最长时间，GJB 2367A标准规定：干粉显像时间为10 min~4 h；非水基湿显像时间为10~60 min；水基湿显像时间为10~120 min；自显像时间为10~120 min。

显像剂的选择原则如下。

①对于荧光渗透液而言，光洁表面优选溶剂悬浮型湿显像剂（检测灵敏度高）；粗糙表面优选干式显像剂；其他表面优选溶剂悬浮型湿显像剂（检测灵敏度高），然后是干式显像剂，最后是水悬浮型湿显像剂（显像效果最差）。

②对于着色渗透液而言，只有两种选择，任何表面都应优选溶剂悬浮型湿显像剂（检测灵敏度高），然后是水悬浮型湿显像剂。

6. 工序六：检验

检验是对技术能力要求最高环节，起始级别是Ⅱ级人员，需要累积经验，独立完成如下工作：①显示解释，辨别真伪；②判定显示，测定位置、尺寸。原则上缺陷观察应在施加显像剂后的10~30 min内进行，因为荧光亮度会慢慢降低，缺陷显示会无限扩大。

光源要求：对于着色渗透检测，在待检表面白光照度不低于1 000 lx，无距离要求；对于荧光渗透检测，黑光辐照度在距离待检表面380 mm处不低于1 000 $\mu W/cm^2$；黑光灯打开测试，白光照度不大于20 lx，黑光灯关闭测试，白光照度不大于5 lx；不允许有发光反光物体，如白纸。

1）检验的基本步骤

检验的基本步骤如图5-5所示。进入暗室后先进行黑暗适应。首先发现显示，评判显示的类型（真实的、固有的、虚假的）。这里需要使用溶剂擦拭方法。然后进行缺陷解释，即给缺陷定性（裂纹、冷隔、夹杂、折叠等）。缺陷解释完成后进行缺陷评定，最后发出检测报告。

图5-5 检验的基本步骤

2）检验的注意事项

（1）黑暗适应时间至少为1 min，以等待人眼充分适应环境后进行相关工作。

（2）黑光不能直射人眼，否则会造成荧光效应，形成有色眼睛，出现模糊，加速眼睛疲劳。连续工作时间不超过1 h，进行关键工件检测时可中途休息0.5 h。

(3) 检验过程中擦拭次数最多为2次。渗透检测材料或多或少会有残留，通过后续加工处理，清除对使用产生危害的所有渗透检测材料。

(4) 通过渗透液回渗量粗略估计缺陷深度，但这并非100%可靠，进行零件返修时，一般凭经验判断是打掉还是补焊。

提出问题4：进入暗室的工件能否直接放在黑光灯的有效区域内？

总体而言，渗透检测是一个多流程、多参数控制的过程，需要特别注意过程控制，并对影响缺陷检测能力的因素进行严格控制，利用现有的工具设备、技术方法和技术规范等选取合适的渗透检测材料、方法和技术，做好质量控制并判断好检测条件，使渗透检测能以高的置信水平和检出率检出裂纹等不连续。

渗透检测技术（1）
（限时25 min）

班课活动（扫码测试）

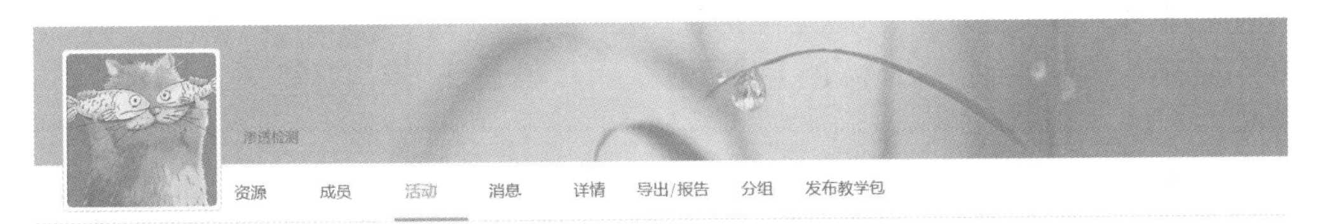

教学课件库（扫码看课件）

第12讲电子课件

提问与回答

班课活动（扫码答问题）

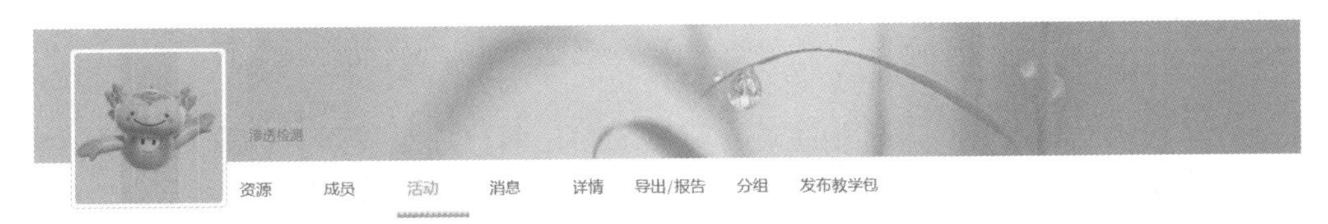

模块二　典型渗透检测工艺

➢ 分解任务

（1）典型渗透检测的工艺流程及优、缺点是什么？

（2）渗透检测方法的选择与工序安排原则是什么？

（3）渗透检测工艺规程是什么？

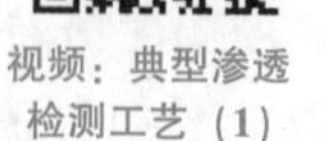
视频：典型渗透检测工艺（1）

视频：典型渗透检测工艺（2）

➢ 知识储备

典型渗透检测工艺主要有3种，即水洗型荧光渗透检测（自乳化型）、后乳化型荧光渗透检测（亲水性）、溶剂去除型着色渗透检测。其中，后乳化型荧光渗透检测灵敏度最高，其次是水洗型荧光渗透检测，溶剂去除型着色渗透检测灵敏度最低。

1. 水洗型荧光渗透检测

水洗型荧光渗透检测工艺过程如图5－6所示。

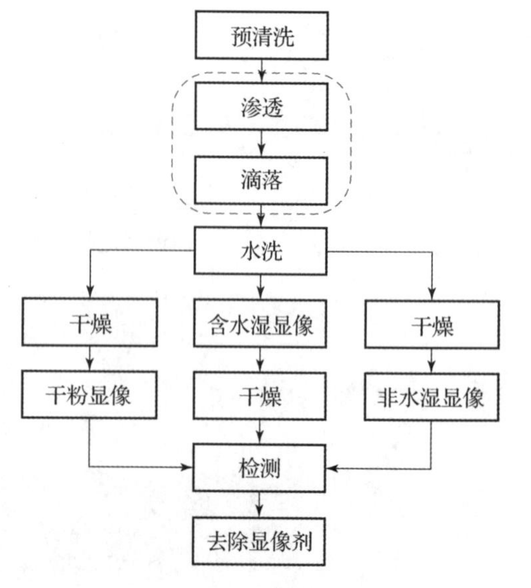

图5－6　水洗型荧光渗透检测工艺过程

1）水洗型荧光渗透检测的优点

（1）缺陷显示有明亮荧光和高可见度。

（2）操作简单（直接用水去除），检测周期短，费用低（相较于后乳化型荧光渗透检测）。

（3）能检出非常细微的缺陷（高灵敏度渗透液）。

尽管如此，对航空发动机系列、民用发动机系列的关键件如涡轮叶片，都要采用后乳化方式，而不能用水洗方式。

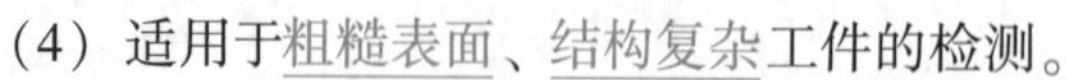
（4）适用于粗糙表面、结构复杂工件的检测。

【注意】水洗方式采用干粉显像的时候适用于粗糙表面工件，但用水溶、水悬方式就不适用于粗糙表面工件。

2）水洗型荧光渗透检测的缺点

（1）灵敏度相对较低，对浅而宽的开口缺陷易漏检。对浅而宽的开口缺陷清洗时，一旦发现合适背景就快速撤离，否则浅而宽的开口缺陷容易被洗掉。

（2）重复检测性差，因此不宜在复检、仲裁检验场合使用。重复检测性差的主要原因是水洗型渗透液含有乳化剂，第一次检测后，只能清洗去除渗透液中的油基部分，乳化剂将残留在缺陷中，妨碍渗透液的第二次渗入。

（3）若清洗方法不当，易造成过清洗。

（4）水洗型渗透液中含有乳化剂，为了能够有效配合，防止析出造成性能下降，水洗型渗透液中会加入很多成分以调节配比，因此水洗型渗透液的配方复杂。

（5）抗水污染能力弱。自乳化型渗透液的最大污染就是水，所以具备含水量的控制指标，要求不能超过体积的5%，否则由于自乳化载体是油，水污染后出现泡沫絮漂浮在上面，导致其渗透能力降低。

（6）化学清洗带来的酸污染将影响渗透检测的灵敏度，尤其是铬酸和铬酸盐的影响很大，影响在役使用寿命。

没有水存在的情况下，铬酸和铬酸盐与渗透液的染料互不影响、互不相干，不易发生化学反应；但当水存在时，由于乳化剂吸水，所以会促使其结合溶液发生化学反应而破坏染料，从而影响染料的荧光发光/着色颜色。水基水洗型渗透液本身含有水；油基水洗型渗透液含有乳化剂，也易与水相溶，故铬酸和铬酸盐对水洗型渗透液（不论水基或油基）影响较大。

（7）必须有暗室、黑光灯，还要有一个庞大的废水处理系统（荧光废水处理流程如图5－7所示）。废弃物的密度小于水，会漂浮在水面；沉淀渣质污染物可结成粉末块，应用包装袋将其包裹并送入专用填埋场进行填埋，这是需要审批且付费的。

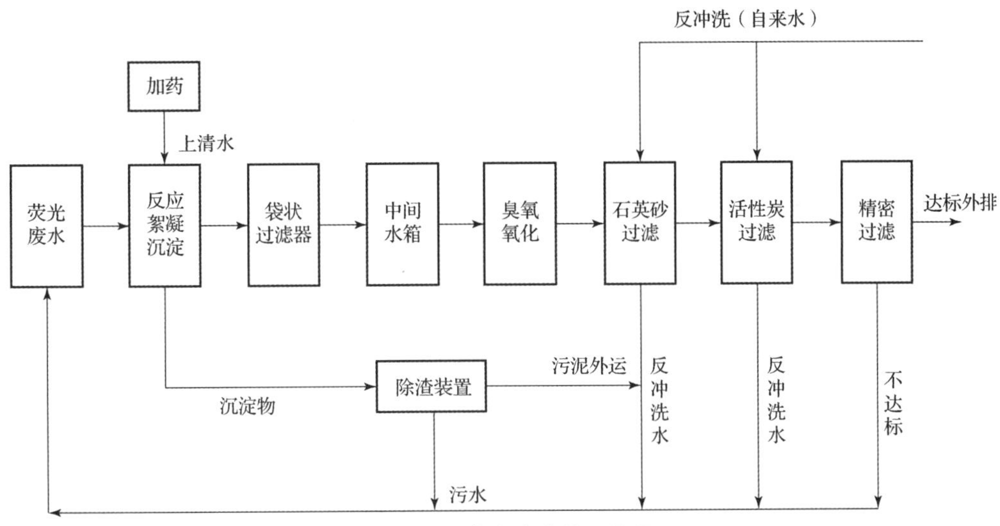

图5－7　荧光废水处理流程

2. 后乳化型荧光渗透检测

后乳化型荧光渗透检测工艺过程如图5－8所示。后乳化型与自乳化型相比，最大的特点就是增加了粗洗和乳化工序。由于亲油性乳化剂清理困难，且污染环境，所以出于后续处理的考虑采用亲水性乳化剂。乳化前需要粗洗，以尽量除去工件表面多余渗透液，减少渗透液对乳化剂的污染，延长其使用寿命。乳化是最关键的步骤，直接决定检验质量，要求非常严格，在合适的条件下其时间越短越好，以避免乳化剂进入缺陷造成过乳化。后乳化型荧光渗透检测大量应用于技术要求高或表面光洁工件的检测。

航空发动机的使用要求是很高的，大多数采用熔模铸造工艺成型，其表面很光洁，有的甚至不处理表面而直接用于工作。航空发动机动力源于涡轮工作带动压气机的工作，其中的涡轮叶片为高温合金铸件，表面缺陷细小且易产生应力集中，因此其检测要求高。由于它工作于高温、高压的冲击环境中，所以高速旋转受力较大，一旦损坏将从前到后全部打坏，检测前最好采用酸洗或碱洗进行可接受范围内的表面多余渗透液去除工作。需要注意：只要是跟发动机有关的工件都要使用这种检测方法。

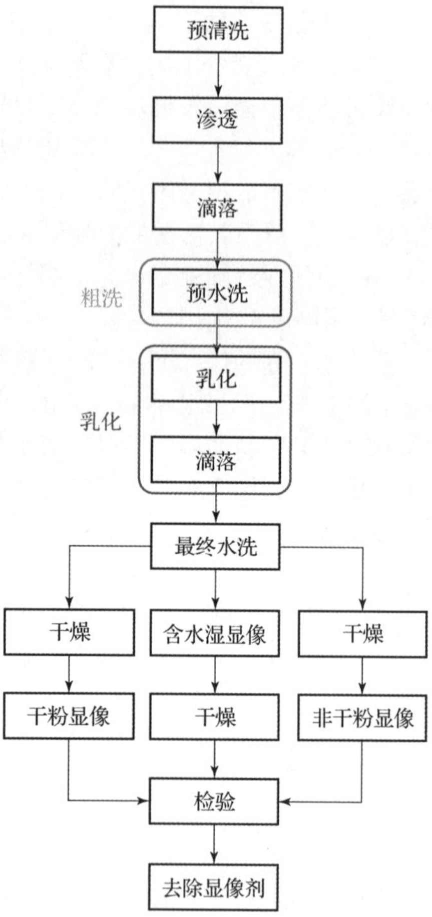

图 5－8　后乳化型荧光渗透检测工艺过程

1）后乳化型荧光渗透检测的优点

（1）后乳化型渗透液染料浓度高，显示荧光亮度强，所以它具有较高的检测灵敏度。乳化剂接触角大于渗透液接触角，因此其润湿性差。由于后乳化型渗透液不含乳化剂，所以它的润湿性很强，有利于渗透液渗入表面缺陷，渗透速度快，渗透时间比水洗型荧光渗透检测短。

（2）由于后乳化型截留性强，所以自乳化型不能检出的浅而宽缺陷，后乳化型可以检查出。

（3）抗污染能力强。后乳化型渗透液不含乳化剂，不吸收水分，水进入后沉于槽底；同时铬酸和铬酸盐不易与染料发生化学反应，因此它们对渗透液污染小。

（4）重复检测效果较好。

（5）后乳化型渗透液不含乳化剂，因此在温度变化时产生分离、沉淀和凝胶现象的可能性小。

2）后乳化型荧光渗透检测的缺点

（1）操作周期长（增加了乳化工序），检验费用高（乳化工序需要使用乳化材料）。

（2）乳化是最严格的工序，必须有效控制乳化时间，以保证检验灵敏度，否则将影响检出。

（3）要求工件表面具有较好的光洁度，因为粗糙的工件表面将形成残留。带螺纹、盲孔的工件坚决不能采用后乳化型荧光渗透检测。

（4）大型工件由于施加材料多，乳化难以控制，清洗乳化剂时有泡沫产生，所以进行后乳化型荧光渗透检测比较困难。

3. 溶剂去除型着色渗透检测

溶剂去除型着色渗透检测工艺过程如图 5－9 所示。预清洗采用纸加溶剂擦干净的方法；溶剂擦拭要求杜绝过饱和状态；预清洗、溶剂擦拭以及后处理均采用同种溶剂，如现场施加清理均使用丙酮。

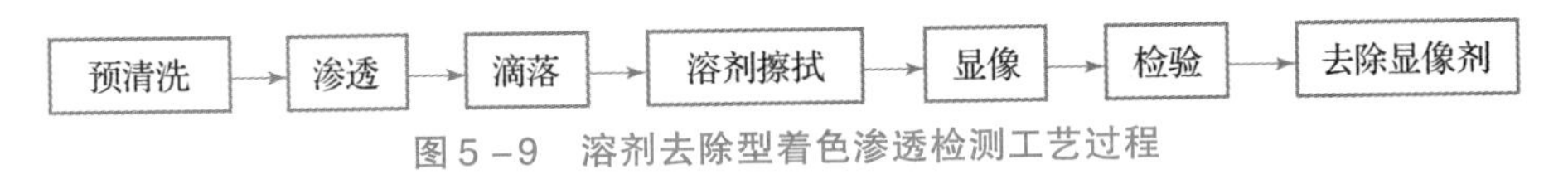

图5－9　溶剂去除型着色渗透检测工艺过程

溶剂去除型着色渗透检测适用于光洁工件和经过吹砂、打磨得很光的焊缝检测，在船舶焊缝检测中用得最多。溶剂去除型着色渗透检测广泛应用于大工件局部检测、非批量工件检测和现场检测。

1）溶剂去除型着色渗透检测的优点

（1）设备简单，方便携带。

（2）配合怀疑部位随时进行局部检测。

（3）可在无水、无电、无压缩空气的条件下进行检测。

（4）污染影响小。酸碱主要对荧光法影响大，对着色法的影响不明显。

（5）操作方便，单个工件检测速度快。

（6）能检出非常细小的裂纹，等同于荧光法水平。

2）溶剂去除型着色渗透检测的缺点

（1）由于所用材料易燃、易挥发，所以不宜使用开口槽。

（2）不适合批量工件的连续检测，因为检测效率低。

（3）很难在粗糙工件表面使用，特别是吹砂工件表面，因为对粗糙的吹砂工件，擦拭物很难接触坑底残留的渗透液。

（4）擦拭去除渗透液时要细心，否则易将浅而宽的缺陷中的渗透液擦掉而造成漏检。

4. 渗透检测工艺的选择

实施渗透检测的目的是检出缺陷，因此选择渗透检测工艺的前提就是考虑灵敏度要求。2级能检就不要选择3级，因为3级渗透能力强，截留性能好，更容易残留渗透液（难以去除），且成本高。

满足灵敏度要求后再考虑其他因素，其中检测费用是首先考虑的因素。例如：工厂中的零件是各种各样的，其需要的灵敏度等级也是各种各样的，对于铝合金零件、铸件需要1级灵敏度，铝镁合金零件、机加零件需要2级灵敏度，钛合金零件需要3级灵敏度，航空发动机需要后乳化型荧光渗透检测，必须购买相关设备和材料，材料需要装槽，这样管理成本自然增加。在这种情况下，对于1～3级灵敏度要求，以最严格的要求为准。但是，选的灵敏度等级高，不应该发现的缺陷也会被检出，缺陷不好评判，此时对需要1级、2级灵敏度的零件采用自显像或不显像方式加以弥补。

同时，还要考虑在制或在役、材料类别以及工艺方法等，结合各种渗透检测方法的特点进行合理选择。优选易于生物降解处理的材料；若考虑环保，则优选水基材料；为了便于处理，优选水洗型；检测特别细小的缺陷，优选后乳化型。

渗透检测工艺的选择要求如图5－10所示。

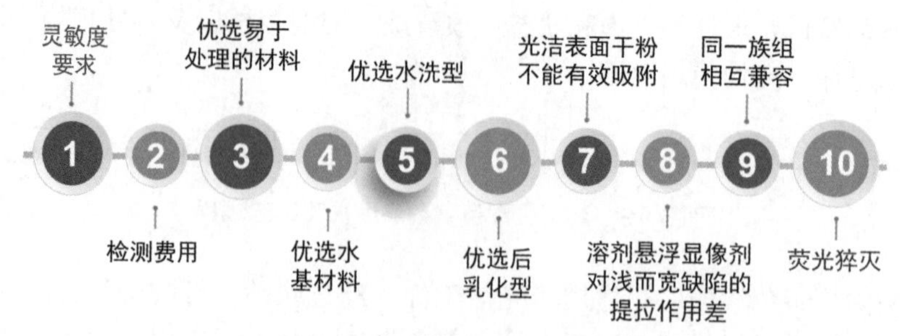

图5－10　渗透检测工艺的选择要求

应特别注意：应选用同厂家同系列产品，以保证渗透检测材料组合同族性。因为渗透检测的基础是毛细现象和光激发光原理，非同组族会降低颜色强度和亮度，无法保证得到良好的结果。经过着色渗透检测的工件需要进行彻底清洗方可进行荧光渗透检测，以防止荧光猝灭。

5. 渗透检测工序安排原则

渗透检测工序安排应遵循的原则如下。

（1）无特殊规定，原则上必须在零件加工后、交付前的最终成品上进行渗透检测。一般在倒数第1、2道工序安排渗透检测，有时也在加工期间安排渗透检测，以提前发现问题。

（2）表面处理均为遮盖缺陷的工序，其中喷丸、吹砂的粉末会造成缺陷封口或空间占据；镀层、涂层、氧化均会改变工件表面状态，形成非基体物遮盖原有缺陷；阳极化会使工件表面变成松口性表面，背景变差。因此，渗透检测应在喷丸、吹砂、镀层、阳极化、涂层、氧化或其他表面处理工序前进行。

（3）表面处理机加工后可再次进行渗透检测。如一刀处理，则检测的仍是其基体，这是可以的。

（4）若工件要求浸蚀检验，则渗透检测应紧接在浸蚀检验工序后立即进行。机加工后的软金属（铝、镁）、钛合金和奥氏体不锈钢等关键工件，一般应先进行酸或碱浸蚀，然后进行渗透检测。对于铸件、焊接件和热处理件，渗透检测前允许采用机械清理方法的，如用细小砂粒摩擦表面，去除工件表面的氧化皮，吹砂后的涡轮叶片、涡轮盘等关键工件一般应先进行浸蚀后方可进行渗透检测。

（5）对于需热处理的工件，渗透检测应安排在热处理之后进行。因为热处理目的是消除应力，应力释放会产生缺陷，处理不好容易拉裂。如需经过多次热处理，则只需在温度最高的一次热处理后进行渗透检测，以充分释放应力。

（6）对使用过的工件进行渗透检测时，必须在去除工作表面比较厚的积碳层、基体覆盖的氧化层及涂层后进行。

以上渗透检测工序安排原则如图5－11所示。

（7）阳极化属于特殊表面处理工序，通常可直接进行渗透检测。

（8）对完整无缺的脆漆层，可不必去除而直接进行渗透检测。因为基体有缺陷时会将脆漆层拉裂，脆漆层拉裂表明基体有问题。在脆漆层上进行渗透检测发现裂纹后，再去除裂纹部位的脆漆层，然后检查基体金属上有无裂纹。

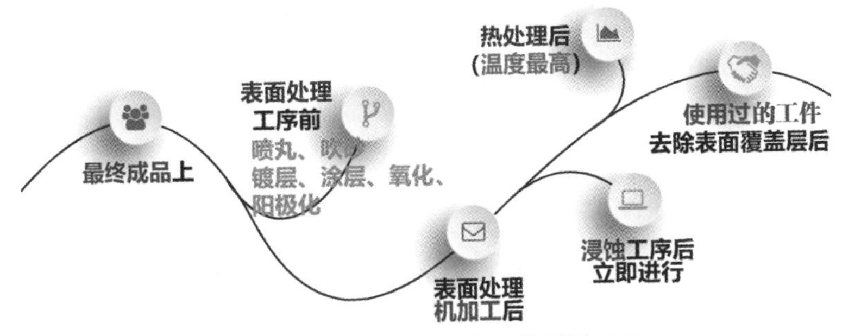

图5－11　渗透检测工序安排原则（1）

（9）若工件同部位均需进行渗透检测和磁粉检测或超声波检测，则应首先进行渗透检测，因为磁粉吸附力较大，造成开口堵塞；油性耦合剂会产生污染，堵塞表面缺陷。

（10）对于工件同表面，在进行荧光渗透检测之前不允许进行着色渗透检测，因为会出现荧光猝灭。

（11）对于疲劳开裂的开口或压缩载荷下开裂的裂纹，不宜安排渗透检测，应采用其他合适的检测方法。

以上渗透检测工序安排原则如图5－12所示。

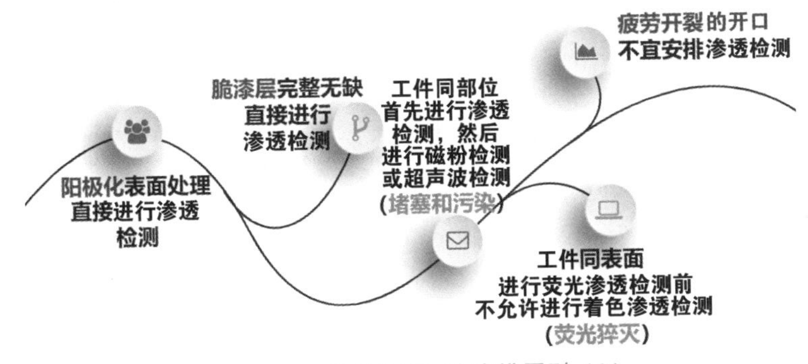

图5－12　渗透检测工序安排原则（2）

6. 渗透检测工艺规程

什么是渗透检测工艺规程？渗透检测工艺规程就是指导渗透检测工作，处理渗透检测结果并作出拒收/验收结论的技术文件。

渗透检测工艺规程分为两种，第一种是通用工艺规程，第二种是专用工艺规程（即专用工艺卡）。通用工艺规程按照标准编制，是针对一种或一大类零件而言的；专用工艺规程对应专用工艺卡，是针对具体零件而言的。通用工艺规程一般以文字叙述为主，专用工艺规程主要以表格形式表示。通用工艺规程要求具有一定的覆盖性、通用性和可选择性；专用工艺规程要求一件一卡，简单明了，具有可操作性。以通用工艺规程为依据编制专用工艺规程更加具体，且相比其他无损检测方法的专用工艺图表更烦琐、更严格。

渗透检测工艺规程的分类要求如图5－13所示。

图5－13　渗透检测工艺规程的分类要求

通用工艺规程基本内容包括适用范围、编制依据、检测方法分类、人员要求、设备仪器及材料、工艺参数、检测记录、签署和批准。①点明适用范围和编制依据。②对检测人员、检测方法、检测材料以及整个工艺过程进行有效规定，检测人员从事的技术工作应与专业等级匹配，不能有色盲。③签发报告具体包括编号、数量、材料、送检日期、送检单位，检测标准和验收标准，检测结果和结论；检测人员、审核人员和批准人盖章，常规叫作“三检”，应三章齐全；签发报告日期，以备后查。

示例1：铸造叶片渗透检测通用工艺规程

典型渗透检测工艺规程（扫码看示例）

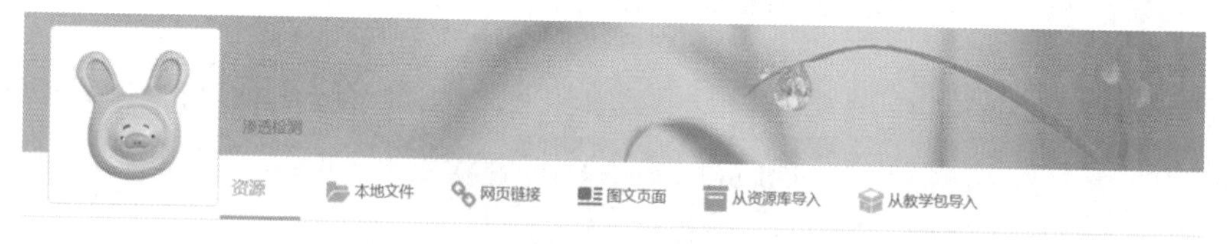

专用工艺卡基本内容包括工件状况、检测条件、工件示意图、签署和批准。①采用表格形式，明确工件名称和材料牌号；②根据材料和零件选择试验方法，同时给出灵敏度等级；③明确依据的方法和标准，以此选定工艺参数和注意事项；④根据相关验收标准进行验收或拒收。

示例2：铸造叶片渗透检测专用工艺卡

渗透检测专用工艺卡（扫码看示例）

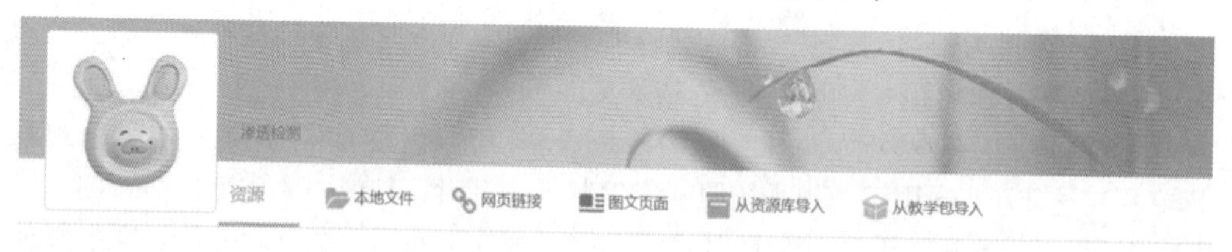

为什么会出现工艺规程的更改与报废？比如方法改进时需要更改工艺规程，编制过程中有疏漏也需要更改工艺规程，方式方法过时需要报废工艺规程，零件不存在也需要报废工艺规程。在更改和报废工艺规程时需要履行相关的审批手续，必须提交审批申请表，经过技术主管部门的确认后，更改和报废工艺规程的工作才可以进行。

为什么会出现工艺规程的偏离？在进行转包生产时，比如波音公司是面向全球供应商的，全球供应商的技术条件、设备状况等是不一致的，但它提供的工艺规程是全世界通用的，这就要依据自身条件进行有效的偏离。进行工艺规程的偏离首先要进行有效的技术验证，经过技术验证后还要提出申请，并履行相关的审批手续，才能继续进行工艺规程的偏离。

渗透检测技术（2）
（限时 40 min）

班课活动（扫码测试）

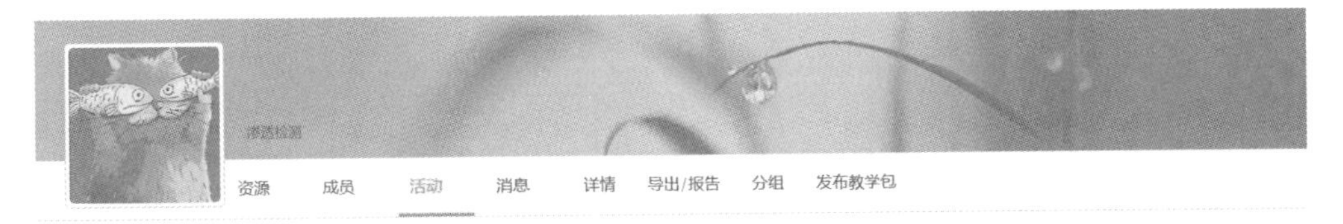

教学课件库（扫码看课件）

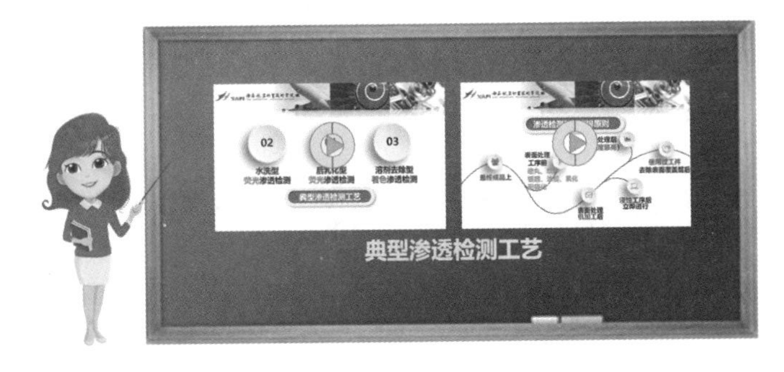

第 13 讲电子课件

学习报告单

教学内容	学习情境 5 渗透检测步骤与工艺（8 学时）
教学活动	班课考勤、知识储备、通道讨论、项目测试、自我评价
智能助学	渗透检测 无敌好 资源 成员 活动 消息 详情 导出/报告 分组 发布教学包
知识储备 任务拓展 （学员填写）	

班课评价

考核内容	资源学习	班课考勤	直播讨论	项目测试	老师点赞加分	课堂表现
权重比	40%	10%	20%	20%	5%	5%
系统分值						

双向评价 （自我评价 & 教师评价）			
报告人 （学号姓名）		报告日期	年 月 日

学习情境6
显示的解释和缺陷的评定

【情境引入】

显示的解释和缺陷的评定是对渗透检测中操作要求最高的工序。正确的分析解释可以避免误判和漏检，有效的缺陷评定对于工件的使用寿命和安全性有着非常重要的意义。显示的解释与缺陷的评定紧密相连，对操作人员要求最高，做好显示的解释和缺陷的评定的前提是进行大量的实践，不断学习，积累丰富的经验。

【情境目标】

学习目标

1. 知识目标

（1）掌握显示的解释和缺陷的评定的概念；

（2）掌握痕迹显示与缺陷显示的分类；

（3）熟悉常见缺陷图谱及显示特征。

2. 能力目标

（1）储备核心知识，提升专业素养；

（2）增强应用能力及创新能力。

素养目标

（1）具备严谨科学、精益求精的专业精神；

（2）树立良好的质量意识和责任意识。

【知识链接】

课前回顾

班课活动（扫码答问题）

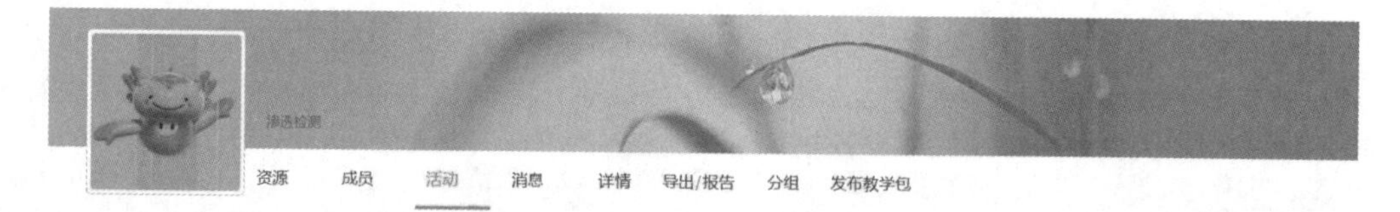

提问与回答

模块一　渗透检测中的常见缺陷及其显示特征

➢ 分解任务

(1) 什么是显示的解释与缺陷的评定？

(2) 真实显示与缺陷显示如何分类？

(3) 渗透检测中的常见缺陷及其显示特征是什么？

素养育人：
锤炼工匠精神，
追求细节精品

➢ 知识储备

显示的解释就是对观察到的显示进行定性分析，判断和确定显示产生的原因，明确显示是真实的、虚假的还是不相关的。在确定显示属于真实显示之后，要对缺陷进行评定。评定就是缺陷验收/拒收的过程，即根据指定验收标准，对缺陷的严重程度进行评定，得出合格与否的结论。

知识点：缺陷与不连续性

【强调】

(1) 显示的解释和缺陷的评定属于两个不同阶段。

(2) 显示是缺陷或不连续性存在的依据。

(3) 对于所有观察到的显示均应进行解释。

要做好显示的解释和缺陷的评定必须有一个条件，即要保证前期操作的正确性，另外还要具有相关的知识水平和经验（包括材料、设计工艺等方面）。

1. 显示的分类

在渗透检测中，通常将显示分为真实显示、不相关显示和虚假显示3种类型，如图6－1所示。

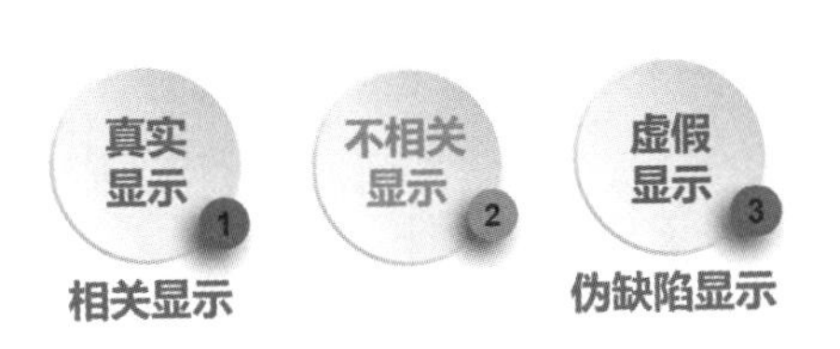

视频：显示的分类

图6－1　显示的分类

1) 真实显示

真实显示也称为相关显示，是指由真实缺陷或不连续性引起的渗透液显示，它是缺陷或不连续存在的标志。渗透检测中的常见缺陷有裂纹、气孔、夹杂、疏松、折叠、冷隔、分层等，大部分是在制造过程中出现的缺陷。不连续包括：①磕伤，即相对凹下的状态；②划伤，即完整表面的断续。

2) 不相关显示

常见的不相关显示如表6－1所示。

表 6－1　常见的不相关显示

种类	位置	特征
焊接飞溅	电弧焊的基体金属上	表面的球形物
电阻焊中不焊接的边缘部分	电阻焊缝的边缘	沿整个焊缝长度渗透液严重渗出
装配压痕	压配合处	压配合轮廓
铆接印	铆接处	撞击印
刻痕、凹坑、划伤	各种零件	目视可见
毛刺	机加工零件	目视可见

不相关显示不是由真实缺陷或不连续性所引起的显示，而是由工艺、固有结构所造成的，它的产生原因主要如下。

（1）工件加工工艺引起的显示。比如装配压痕——装配中不可避免需要敲击，不小心就会出现坑印；铆接印——飞机铆接是蒙皮与蒙皮的铆接，将小杆插上挤压扁，在铆接痕迹处便存在一个结构的叠压；电阻焊——板材通过电极辊压焊接成一体，由于并非靠近边缘，所以有缝部位产生显示。这些显示都是加工工艺中不可避免的，也是设计中允许存在的。

（2）工件结构外形引起的显示。比如设计加工的键槽、花键、孔等允许结构。

（3）工件加工痕迹引起的显示。比如划伤、刻痕、凹坑、毛刺、焊斑、松散氧化层等，在相应位置会有渗透剂的累积，从而出现断续线形或连续线形显示。

需要明确的是，这些加工痕迹如果验收标准不允许，就归类为真实显示；如果无特殊规定，均归类为不相关显示。比如划伤浅、影响小的显示是允许的，但对于关键件，能形成显示的划伤是不允许的，因为其容易产生应力集中。

3）虚假显示

虚假显示也称为伪缺陷显示。如图 6－2 所示，虚假显示的产生原因主要如下。

（1）操作人员手上粘的渗透液污染工件。

（2）将工件摆放在污染的检验工作台上。

（3）重复利用的显像剂有可能受到渗透液的污染。

（4）去除积液擦拭物受到渗透液污染。

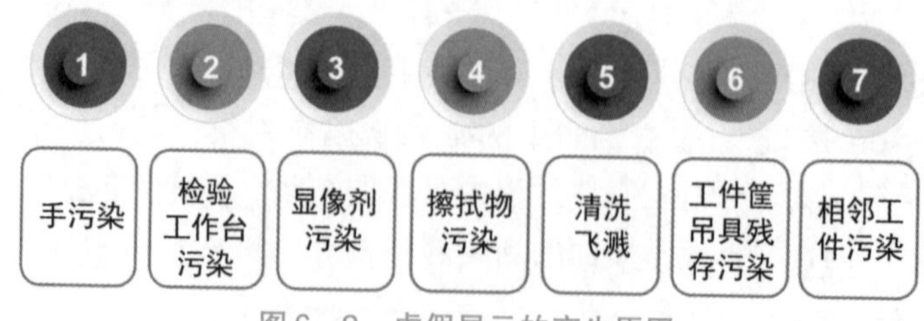

图 6－2　虚假显示的产生原因

（5）清洗时渗透液迸溅到干净工件上造成污染（安装黑光灯）。

（6）工件筐、吊具经常接触渗透液，由于未注意清洁度而造成污染。

（7）缺陷处渗出的渗透液污染相邻的工件。

此处一定要注意，虚假显示是在操作过程中产生的，要避免虚假显示或减少虚假显示，就要规范整个操作过程。

如图6－3所示，“缺陷”为真实显示；“划伤”是设计中允许的，可以直接排除；设计要求产生的加工槽、孔为“约定不连续”；检测过程中操作失误造成渗透液的污染，渗透液粘在完整工作表面形成虚假显示，一旦去除干净，便不再显示。

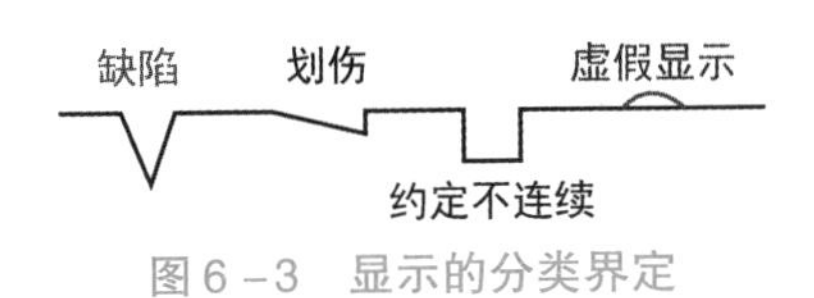

图6－3　显示的分类界定

视频：真实显示的分类

2. 真实显示的分类

缺陷的评定是仅就真实显示形貌进行的，根据显示的形状、尺寸及分布状态进行分类。真实显示通常分为连续线形显示、断续线形显示、圆形显示、分散（密集形）显示、纵（横）向显示等类型。

1）连续线形显示

连续线形显示示意如图6－4所示，它是由长度形貌所构成的，其宽度难以测量。那么什么样的显示能对应形成这种形状呢？典型的如：裂纹，危害性极大的缺陷，其种类很多；冷隔，铸件特有缺陷；折叠，锻件特有缺陷；分层，在锻造、挤压和轧制材料中可以发现；未熔合、未焊透，均属于焊接缺陷。

图6－4　连续线形显示示意

大多数标准规定，长宽之比大于3真实显示的归类为连续线形显示，但是也不绝对，因为不同标准存在差异。

提出问题：在150 mm焊缝上发现6个缺陷显示，尺寸（长×宽）分别为：①6.5 mm×0.3 mm；②1.1 mm×0.6 mm；③3.0 mm×0.5 mm；④1.5 mm×1.5 mm；⑤4.0 mm×3.9 mm；⑥5.0 mm×0.3 mm。判断其中哪些为连续线形显示。

2）断续线形显示

断续线形显示示意如图6－5所示，其大多是中间部分堵塞，无渗透剂造成的，一般是黑的，比如磨削、喷丸、吹砂、锻造或机加工造成的缺陷；也不排除可能形成两个缺陷，其间距小于2 mm，靠得非常近，在工作过程中两个缺陷有可能扩展连接，看似一条大缺陷。

图6－5　断续线形显示示意

解释断续线形显示时，按一条连续线形显示进行评定，其定量长度为始端和末端间的连续长度。

3）圆形显示

圆形显示示意如图 6－6 所示。典型的圆形显示包括：气孔，铸造过程中由于气体未有效排出而存在一个或几个；针孔，多出现面积性、累积性点状；疏松，凝固时补充液体由于收缩和相互拉扯而形成的蜂窝状缺陷；铁豆，由于固体金属颗粒与金属液的结合差而形成缝隙。

图 6－6　圆形显示示意

需要说明的是，表面裂纹本身是线形的，但由于开口深，其回渗攀升渗透液较多，有可能扩展成一片形成圆形显示；焊接时，起弧、收弧的两端有两个圆滑坑，由于受拉、压应力的作用，坑中心出现线形、星状炸裂的弧坑裂纹，有可能形成圆形显示。

圆形显示有圆形的和不规则的，所以它是一个相对的概念，其定义与连续线形显示互补，规定为：长宽之比小于等于 3 真实显示的归类为圆形显示。

4）分散（密集形）显示

分散（密集形）显示示意如图 6－7 所示，它是基于表面显示分散的程度进行分类的，是从总体表示显示程度，而并非实际测量排布分散的程度。在一定范围内存在几个显示，如果最短显示长度小于 2 mm，而间距大于显示，则看作分散显示；如果间距小于显示，则看作密集形显示，比如针孔、显微疏松等。

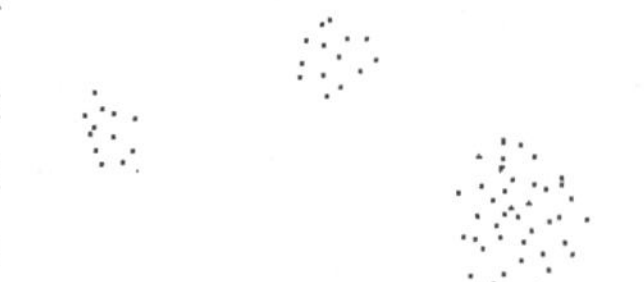

图 6－7　分散（密集形）显示示意

5）纵（横）向显示

缺陷显示的长轴方向与工件中心线存在一定夹角（一般大于等于 30°）时为横向缺陷；趋于轴线方向时为纵向缺陷。

焊缝容易出现纵（横）向缺陷，造成强度降低。

3. 缺陷的分类

缺陷的分类如图 6－8 所示，按照缺陷的起因可将缺陷分为三类，即原材料缺陷、工艺缺陷和服役缺陷。

图 6－8　缺陷的分类

视频：缺陷的分类

1）原材料缺陷

原材料缺陷也称为固有缺陷，来源于铸锭。比如，将矿石冶炼出来，可能含有金属的沙砾，当其凝固成为坯状时便造成固有缺陷。

需要说明的是，铸锭经开坯、加工变形后，在产品中存在的缺陷如果与铸锭中的原材料缺陷有关，尽管其形状、名称发生改变，但仍列为原材料缺陷。比如，板材中的分层呈现为缝，其由铸锭中原有的夹杂、气孔经轧制挤压，形状改变而形成；棒材中的发纹由气孔、夹杂，经拉拔拉长而形成，一般渗透检测对其不敏感。

2）工艺缺陷

工艺缺陷又称为加工缺陷，来源于制造工艺。造成工艺缺陷的加工工艺包括从毛坯状态开始的铸造、锻造、冷弯、拉拔、滚轧、冲压等，半成品的机械加工（车、铣、刨、磨、钳），焊接，特种工艺的表面处理（电镀、热处理），装配、钣金、压接等。

加工缺陷通常有4种情况。

（1）钢锭经一定的轧制、拉拔、锻造工艺变形加工后形成的缺陷，比如折叠、缝隙、冲压裂纹、弯曲裂纹等。

（2）铸造时产生的缺陷，比如气孔、疏松、夹杂、裂纹、冷隔等。需要说明的是，气孔、夹杂包括固有的和加工产生的，应从产生阶段上进行区分。

（3）焊接时产生的缺陷，比如气孔、夹渣、裂纹、未熔合和未焊透等。

（4）工件经车、铣、磨等机械加工，电解腐蚀加工，热处理，表面处理等工艺加工后产生的缺陷，比如车削裂纹、磨削裂纹、镀铬层裂纹、淬火裂纹、金属喷涂层裂纹等。

需要说明的是，如果一个零件经过了几次工艺加工，比如先经过一次铸造，然后进行一次机加工，那么机加工工艺产生的缺陷就是二次工艺缺陷。

【注意】冶炼的固有缺陷不能算作一次工艺缺陷。

3）服役缺陷

服役缺陷又称为使用缺陷，来源于服役条件下和使用过程中，比如应力腐蚀裂纹、磨削裂纹和疲劳裂纹等。应力腐蚀裂纹是使用过程中由于高温、潮湿、交变应力综合因素的影响而产生的，这在飞机上是经常出现的，特别在飞行次数很多的时候就会出现。疲劳裂纹的产生原因是交变应力的作用。此类缺陷的特点是开口细小、细微，有的能检出，有的不能检出，不推荐使用渗透检测方法检测此类缺陷。

4. 常见缺陷及其显示特征

渗透检测可以检测出焊接件、铸件、锻件和各种机械加工件的表面开口缺陷。

视频：常见缺陷及显示特征

1）气孔

如图6－9所示，气孔是铸件、焊接件的常见缺陷，因为它们均涉及熔化、凝固。在金属凝固过程中，气体无法排出，在金属中产生气孔。铸件的气体源于型砂所含水分形成的蒸气；焊接件的气孔源于溶解于母材或焊条药皮中的气体。

气孔的显示一般呈现圆形、椭圆形或长条圆形，色泽亮度高，中间向边缘减弱。

焊接件气孔的显示与铸件气孔相似。

2）裂纹

如图6－10所示，裂纹是危害性极大的缺陷，其种类很多，可以说加工工艺都会造成裂纹。裂纹的存在会降低工件的强度，同时裂纹有尖锐的开口，会引起较高的应力集中，从而使裂纹扩展，导致整个结构的破坏，特别是工件承受动载荷时，这种缺陷是很危险的。在渗透检测中，常见的裂纹有焊接裂纹、铸造裂纹、淬火裂纹、锻造裂纹、磨削裂纹、疲劳裂纹、腐蚀裂纹等。

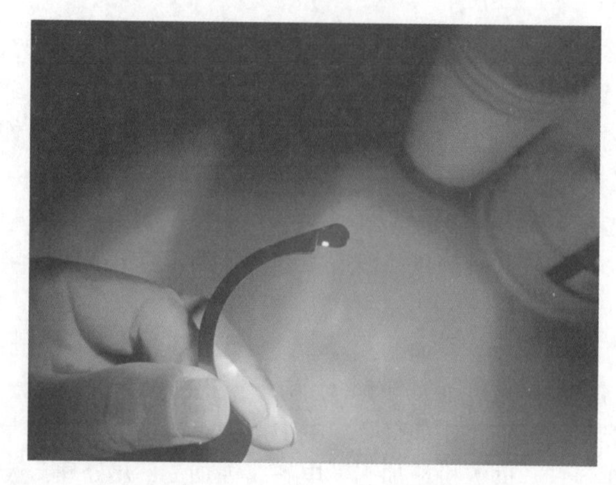

图6-9　气孔（附彩插）

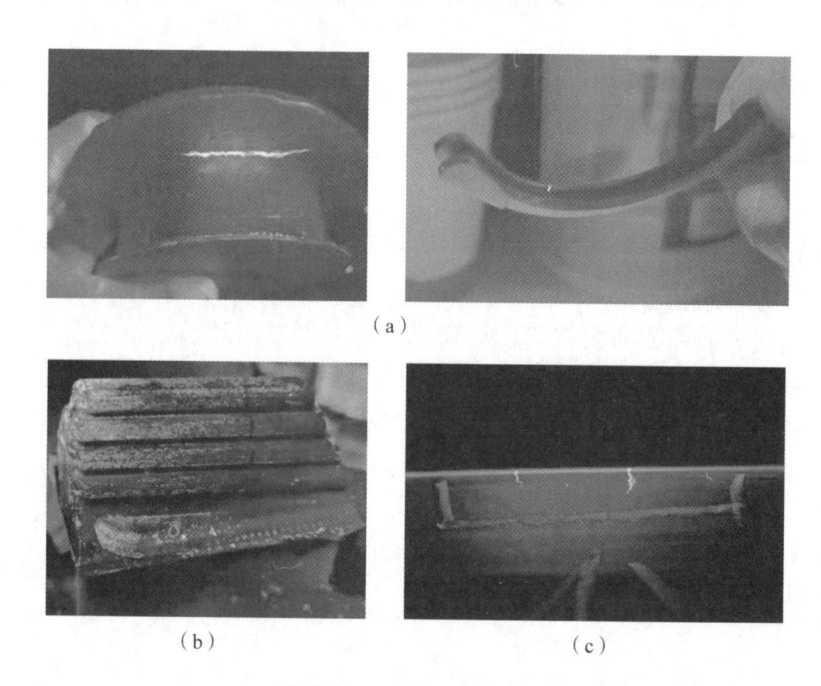

图6-10　裂纹（附彩插）

（a）铸造裂纹；（b）磨削裂纹；（c）疲劳裂纹

（1）焊接裂纹按照其产生温度和时间的不同，可分为热裂纹和冷裂纹。热裂纹的典型显示呈现曲折波浪状或锯齿状，常产生在焊缝中心。如弧坑裂纹存在于圆滑坑中，呈点辐射状、星状裂纹，为延迟裂纹，应力不消除，慢慢释放开裂。弧坑裂纹通常深，渗透液的回渗量比较大，看似圆形，但擦拭后裂纹的线形特征可清晰显示。冷裂纹通常出现在热影响区，其特征是穿晶开裂，一般呈现直线形显示，中间稍宽，两端尖细，逐渐减淡，直至消失。

（2）铸造裂纹是铸造金属液在凝固过程中产生的，同样分为热裂纹和冷裂纹两大类。高温下产生热裂纹，易出现在应力集中区，一般比较浅；在低温下产生冷裂纹，易出现在截面突变处。

(3) 在水或油激冷时工件易崩开而产生淬火裂纹，实际中淬火裂纹多呈现为炸开网状。

(4) 磨削裂纹较常出现，如在车削中，若刀具不合适或参数不对、方法不好，刀具严重撕扯工件表面，造成局部过热，产生网状裂纹。

磨削裂纹的产生原因包括：①磨削加工砂轮力度不合适；②冷却液施加不合适；③原材料本身存在偏析（偏析是合金凝固过程中形成的化学成分不均匀现象），碳化物破脆从而产生细小裂纹。

磨削裂纹一般较浅，荧光亮度低，用丙酮擦拭后不显示。

(5) 疲劳裂纹开口细小，一般渗透检测无法检出。

3）未焊透

如图6－11所示，未焊透是焊接件特有的缺陷。单面焊时要求整体焊透，若工件下面未被电弧熔化焊合，留下的空隙形成笔直的连续或断续线形显示，宽度一般较均匀。

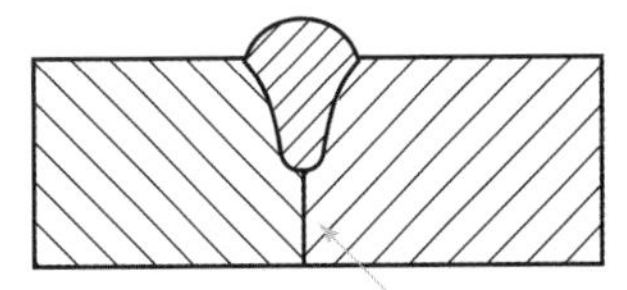

图6－11　未焊透示意

4）未熔合

如图6－12所示，未熔合是由于虚焊，填充金属和母材之间没有熔合在一起（称为坡口未熔合），或填充金属之间没有熔合在一起（称为层间未熔合），显示为线形或椭圆形的条状。其中，渗透检测无法检出层间未熔合。

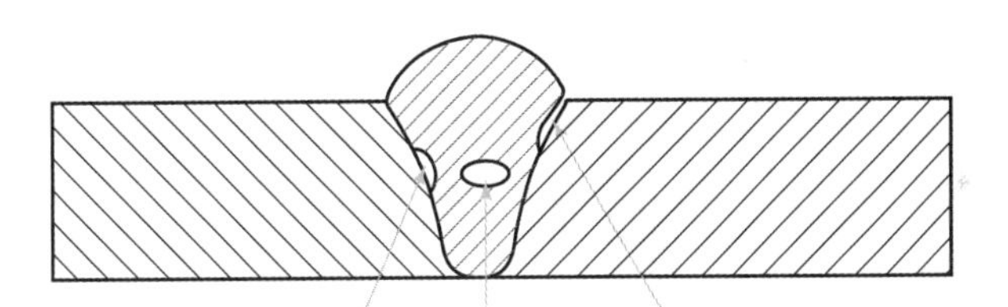

图6－12　未熔合示意

5）冷隔

如图6－13所示，冷隔是铸件特有的缺陷。浇铸时，流动的金属液慢慢充满型腔，在这个过程中，要么由于温度低、速度慢，要么由于浇道设计得不好，金属液提前凝固，则两股金属液流动速度的不一致形成断续结合面，薄截面散热快，厚截面降温慢，当两股金属液流到一起时未能真正融合，从而呈现紧密、断续或连续的光滑线条，或粗大且两端圆秃的光滑线形。冷隔常出现在远离浇口的薄截面处，一般目视可见。

6）折叠

如图6－14所示，折叠是锻件特有的缺陷。在锻造或轧制工件的过程中，一边挤压到另一边，一部分叠合到另一部分，形成弱连接，实际工件表面不结实，产生致密缺陷，渗透检测通常无显示，需要加载扳开。折叠多发生在锻件的转接部位，平面产生机率不高，显示为连续或断续的细线条。折叠越打磨越容易出现。

图6-13 冷隔（附彩插）

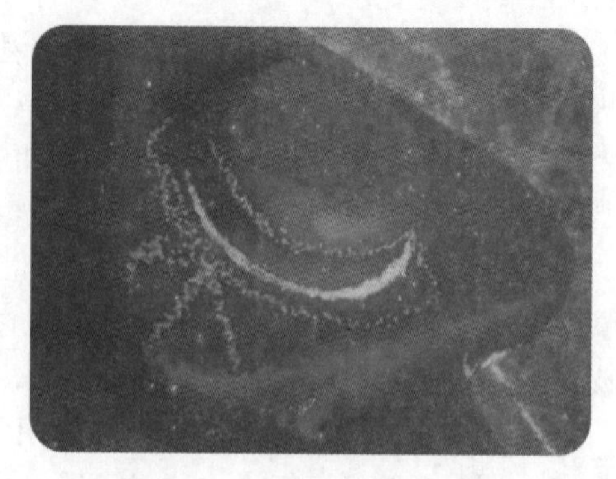

图6-14 折叠（附彩插）

7）疏松

如图6-15所示，疏松是铸造缺陷，多为面积状的一片显示。铸件在凝固结晶过程中，由于液体补充不足而形成孔洞。这些孔洞大多数存在于工件内部，经抛光或机加工后，有的露出表面，渗透检测较易发现。疏松不能直接评定，要与射线专业综合评定。对疏松的处理是先定性，再进行X光透照、等级评定，最后按相关标准验收。

8）其他

如图6-16所示，实际相比，焊接夹渣出现较少，铸造夹渣出现普遍。由于带入异物，夹渣形状多样且不规则。

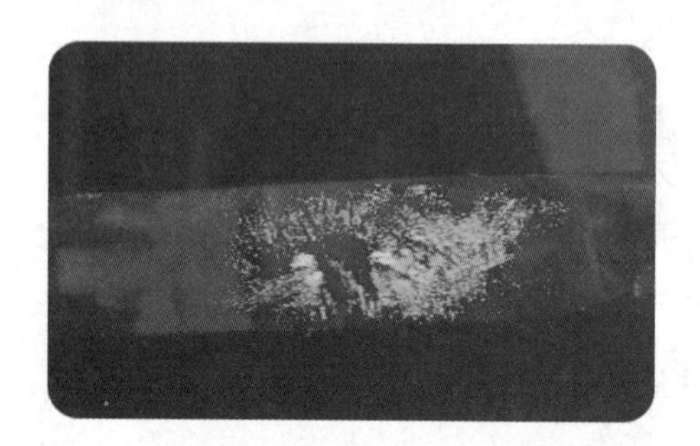

图6-15 疏松（附彩插）

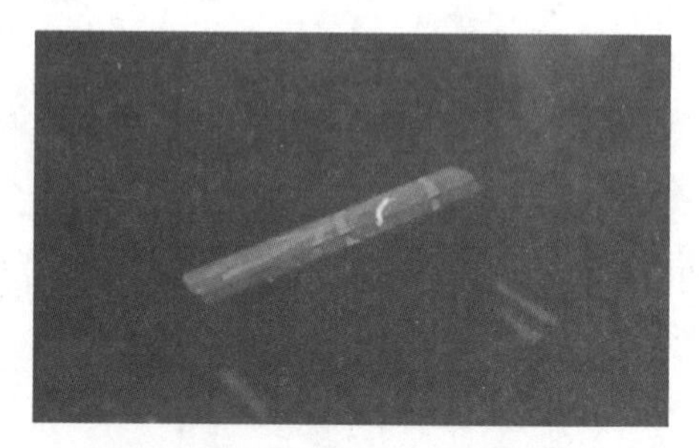

图6-16 夹渣（附彩插）

如图6-17所示，分层在锻造、挤压和轧制材料中可以见到。

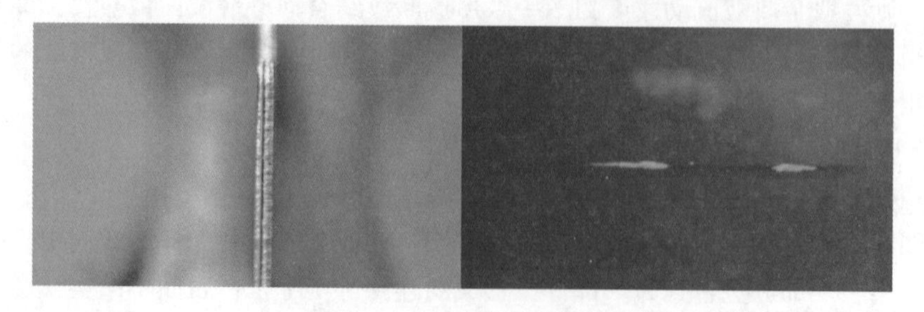

图6-17 分层（附彩插）

漏芯是铸造过程中型芯断裂或偏置导致的，零件型面不完整。

发纹较细，是磁粉检测的强项，渗透检测对其无定义。

典型渗透检测缺陷图谱

渗透检测缺陷图谱（扫码看图谱）

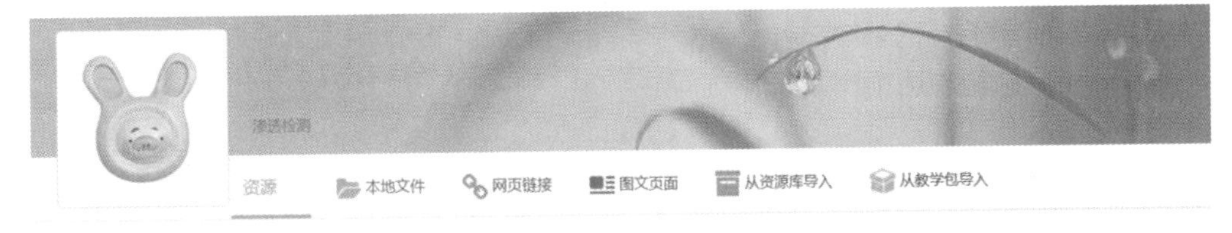

常见缺陷的显示特征（限时 5 min）

班课活动（扫码测试）

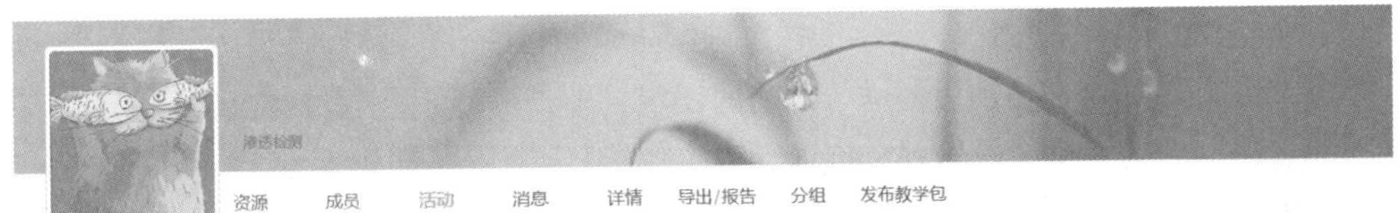

第 14 讲电子课件

教学课件库（扫码看课件）

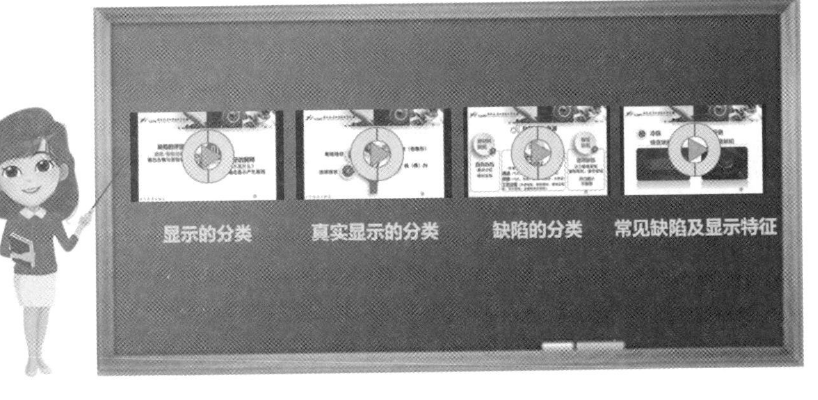

课前回顾

提问与回答

班课活动（扫码答问题）

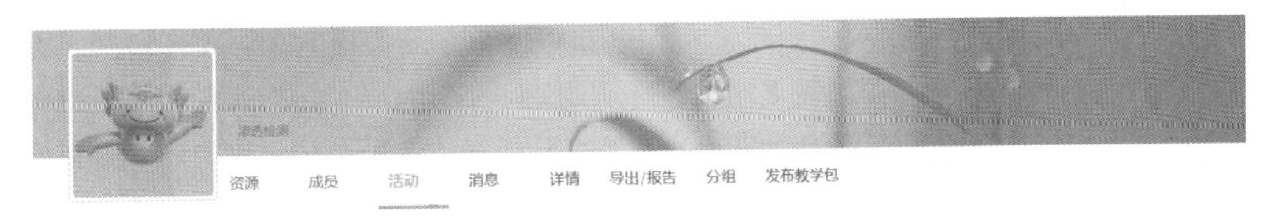

模块二　缺陷的评定与渗透检测标准

➢ 分解任务

（1）如何评定与记录缺陷？

（2）如何进行渗透检测质量评级？

➢ 知识储备

真实显示又称为相关显示，由于它是缺陷存在的标志，所以它是渗透检测所关注的迹痕。在实际操作时，当不能判别观察到的显示是否是相关显示时，可以用蘸有丙酮的刷子擦除迹痕，然后重新施加显像剂；若迹痕再次出现，则证明它是相关显示，否则为虚假显示。

1. 缺陷的评定与记录

将显示确定为真实显示后便进行缺陷的评定，即根据指定验收标准及缺陷的严重程度得出合格与否的结论，应做到定位（即确定位置）、定量（即确定数量、尺寸）和定性（即确定种类，如确定缺陷是裂纹、冷隔、夹杂还是折叠等），如图 6－18 所示。

图 6－18　缺陷的评定

【注意】

（1）迹痕不等同于缺陷。评定时是以显示的迹痕尺寸作为评定的依据，即观察测定扩展放大形成的显示，而并非测定看不到的实际缺陷。

（2）显像时间与缺陷评定的准确性密切相关。按照标准规定的显像时间完成对缺陷的评定。

（3）做好标记。区分不同的检测结果。

（4）对于明显超标的缺陷可立即得出不合格的结论。

（5）对于返修工件确认缺陷消除后予以验收。因为渗透检测的是工件表面缺陷，可考虑加工余量和公差范围，在一定范围内可以排除缺陷。

进行缺陷的评定后，需要有效记录缺陷和签发渗透检测报告，如表 6－2 所示。记录时要在检测报告上画工件草图，只要求形似，不要求特别具体，只要能表述清楚（即图形加文字的叙述，做到定位、定量、定性）即可。渗透检测是一次性检测，显示结果不可能重复出现，如果需要重复展示结果，可采用粘贴－复制的方式加以保存，还可以用照相机形象直观地把缺陷拍下来，但其展示效果不是 1 比 1 的关系，而只能是形似的关系。

表 6－2　渗透检测报告

试件名称	夹持器	试件编号	23－1X－2101
材质	BS3146ANC3B	主要尺寸	—
表面状态	良好	检测程度/区域	100%
检测标准/规范	NB/T 47013.5－2015	渗透检测材料系统	Ⅰ类 A 法 a 型
验收标准/规范	NB/T 47013.5－2015	质量等级 / 验收等级	Ⅰ级
渗透液	ZL－67	批次编号	—
清洗剂	丙酮	批次编号	—
显像剂	ZP－4B	批次编号	—
综合灵敏度测试	C 级	温度/℃	26.3
白光照度/lx	6.458 4	紫外辐照度/(μW·cm⁻²)	2 760

预清洗	溶剂清洗	渗透时间/min	10	中间清洗	水冲洗	显像时间/min	10
干燥	压缩空气吹干	渗透剂施加	浸涂	干燥	烘箱烘干	显像剂施加	喷粉箱喷粉

<table>
<tr><td rowspan="2">缺陷编号</td><td rowspan="2">显示类型</td><td rowspan="2">尺寸/mm</td><td colspan="3">允许的</td></tr>
<tr><td>极限值</td><td>是</td><td>否</td></tr>
<tr><td>①</td><td>裂纹</td><td>3</td><td>不允许</td><td></td><td>√</td></tr>
<tr><td>评价/其他措施</td><td colspan="5">不满足要求</td></tr>
<tr><td colspan="6">探伤部位、缺陷编号、缺陷位置示意图</td></tr>
</table>

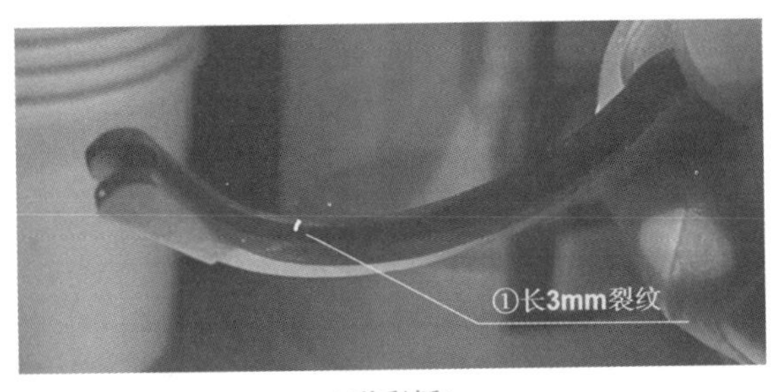

（附彩插）

检测	Ⅱ级	审核	Ⅲ级
日期	××年××月××日	日期	××年××月××日

无损检测现行质量验收标准都是如何制定的？

如果有指定的质量验收标准，按标准进行缺陷的评定；如果没有指定的质量验收标准就要制订。引用相似零件的现有标准，并进行修订，先试生产一件进行无损检测评定；完成后再做一次破坏性试验，如理化试验、金相分析试验，看无损检测结论和金相分析结论是否一致；接着做应力分析试验，比如对于工件表面的一个缺陷，确定其面积为多大时可以验收，面积为多大时不可以验收，再制定相应标准。

2. 渗透检测质量评级

渗透检测质量评定基本流程为：对显示分类→计算显示长度→进行等级评定，如图 6－19 所示。

图 6－19　渗透检测质量评定基本流程

【注意】标准不同，评定结果存在差异。

渗透检测质量评级应用实例如下。

GJB 2367A 标准有关质量等级评定的规定如表 6－3 所示。

表 6－3　GJB 2367A 标准缺陷显示的等级评定

渗透检测显示的分类		
线形显示	长度为宽度的 3 倍或 3 倍以上的显示	
圆形显示	长度为宽度的 3 倍以下的显示	
分散形显示	在一定区域内存在多个显示	
渗透检测显示的等级	线形和圆形显示长度/mm	2 500 mm^2矩形面积内（最大边长为 150 mm）长度超过 1 mm 的分散形显示总长度/mm
1 级	1～2	2～4
2 级	≥2～4	≥4～8
3 级	≥4～8	≥8～16
4 级	≥8～16	≥16～32
5 级	≥16～32	≥32～64
6 级	≥32～64	≥64～128
7 级	≥64	≥128
备注：当 2 个或 2 个以上显示大致在一条连线上，且间距小于 2 mm 时，则应视为连续线形显示（长度包括显示长度和间距）。当显示中最短的长度小于 2 mm，而间距又大于显示时，则应视为单独显示。		

【例6-1】　检测某一叶片，发现2个缺陷显示，其间距为1.9 mm，显示长度均为3 mm，宽度均为0.8 mm，按照GJB 2367A标准评定该叶片质量级别。

解：(1) 因为2个缺陷显示长宽之比（3÷0.8）均大于3，所以属于线形显示。

(2) 由于2个缺陷间距为1.9 mm，小于2 mm，所以按1个缺陷处理，其长度为始端、末端连续长度，即3+3+1.9=7.9（mm）。

(3) 依据GJB 2367A标准，满足线形显示长度≥4～8 mm范围要求，故评为3级。

【例6-2】　检测某一叶片，在2 500 mm^2矩形面积范围内发现7个分散形显示，其直径均为1.1 mm，按照GJB 2367A标准评定该叶片质量级别。

解：(1) 2 500 mm^2矩形面积范围内存在7个直径均为1.1 mm的分散形显示，由于长度超过1 mm，所以均应纳入有效评定范围。

(2) 7个分散形显示总长度为7×1.1=7.7（mm）。

(3) 依据GJB 2367A标准，满足分散显示形总长度≥4～8 mm范围要求，故评为2级。

标准不同，评定结果存在差异。CB/T 3958《船舶钢焊缝磁粉检测、渗透检测工艺和质量分级》标准有关质量等级评定的规定如表6-4所示。

表6-4　CB/T 3958缺陷指示的等级评定

缺陷指示的分类		
线状缺陷指示	指示的长度与宽度之比大于3	
圆形缺陷指示	指示的长度与宽度之比不大于3	
评定区尺寸/mm	质量分级	缺陷指示累计长度（评定区选在缺陷指示最密集的部位）/mm
35×100	Ⅰ	<0.5
	Ⅱ	≤2
	Ⅲ	≤4
	Ⅳ	≤8
	Ⅴ	大于Ⅳ级
备注： ①不允许存在任何裂纹、未熔合、长度大于3 mm的线状缺陷指示，任何单个长度或宽度大于或等于4 mm的圆形缺陷指示； ②在同一直线上，间距不大于2 mm的2个或2个以上缺陷指示，按1个缺陷指示计算，其长度为其中各个缺陷指示的长度及其间距之和。		

【例6-3】　在焊缝上发现一条直线上有2个缺陷，显示长度均为3 mm，宽度为0.8 mm，间距为1.9 mm，按照CB/T 3958标准评定该焊缝质量级别。

解：(1) 焊缝上的同一直线上存在2个缺陷，显示长宽之比（3÷0.8）均大于3，因此属于线状显示。

（2）由于2个缺陷间距为1.9 mm，小于2 mm，所以按1个缺陷处理，长度为显示长度之和加间距，即3+3+1.9=7.9（mm）。

（3）依据CB/T 3958标准，任何长度>3 mm的线状缺陷显示不允许存在，故评为不合格。

【例6-4】 在焊缝上35 mm×100 mm范围内存在3个缺陷，显示长度均为2 mm，间距均为2.5 mm，按照CB/T 3958标准评定该焊缝质量级别。

解：（1）焊缝上35 mm×100 mm范围内存在3个缺陷，由于间距均为2.5 mm，大于2 mm，所以按照3个单个缺陷处理。

（2）缺陷累计长度为2×3=6（mm）。

（3）依据CB/T 3958标准，满足累计长度≤8 mm范围要求，故评为Ⅳ级。

3. 国内外渗透检测标准

ASTM是美国材料与试验协会的英文缩写，该协会成立于1898年，是美国历史最长、规模最大的民办标准化学术团体之一，其制定的ASTM标准在国际上很有影响，是最权威的标准之一，具有数量多、技术先进、更新快等特点。

标准库：
机械行业标准 JB/T 8466—1996
机械行业标准 JB/T 8466—2014
航空工业行业标准 HB/Z 61—1998
美国材料与试验协会液体渗透检验的标准实施规程 ASTM E1417—05
民用航空团体标准 T/CAMAC 0005—2020

1）ASTM渗透检测工艺规范

为了规范渗透检测工艺操作，ASTM推出渗透检测工艺操作规范ASTM E1417《渗透检测的标准方法》及ASTM E165《渗透检测标准推荐操作方法》。ASTM E1417和ASTM E165都是关于渗透检测工艺的标准。它们规定了渗透检测的分类、整个过程的工艺参数、质量控制等。只是ASTM E165标准比ASTM E1417标准内容更详细，ASTM E1417标准中也有参考ASTM E165标准的内容。

我国在制定GJB 2367A（国家军用标准）和HB/Z 61（航空工业渗透检测行业标准）等国内标准时，均以ASTM E1417标准为蓝本，吸收了ASTM E165标准的合理部分，因为它比较适合我国国情。GJB 2367A标准增加了对检测机构进行鉴定和认证的要求，增加了以保护环境为目的，选择渗透检测材料和渗透检测工艺的原则，强调了渗透检测生产线中应设置污水处理设备，还增加了对热塑性材料制品进行渗透检测应使用高温条件的限制。

ASTM在推出ASTM E165标准的同时，还推出了以下具体标准试验方法：ASTM E1208《亲油性后乳化型荧光渗透检测的试验方法》、ASTM E1209《水洗型荧光渗透检测的试验方法》、ASTM E1210《亲水性后乳化型荧光渗透检测的试验方法》、ASTM E1219《溶剂去除型荧光渗透检测的试验方法》、ASTM E1220《溶剂去除型着色渗透检测的试验方法》。

2）AMS 2644标准与渗透检测的宇航材料标准

渗透检测灵敏度与渗透检测材料密切相关，为此，美国国家航空航天局（NASA）推出了渗透检测的美国宇航材料标准AMS 2644《检验材料 渗透液》。AMS 2644标准替代了原MIL-I-25135标准。AMS 2644标准规定了渗透检测材料的分类，技术要求以及用于鉴定、批准和质量审核的试验方法及试验程序。

NASA 在推出 AMS 2644 标准的同时，还分类推出了如下渗透检测材料标准：AMS 2645K《荧光渗透检测材料》、AMS 2646D《着色渗透检测材料》、AMS 3155C《溶剂去除型油基荧光渗透液》、AMS 3156C《可水洗型油基荧光渗透液》、AMS 3157C《溶剂去除型强荧光油基荧光渗透液》、AMS 3158B《水基荧光渗透液》。

按照 AMS 2644 标准的规定，荧光渗透液灵敏度分为 5 级：很低（1/2 级）、低（1 级）、中（2 级）、高（3 级）与超高（4 级）。仅有水洗型荧光渗透液的灵敏度为 1/2 级（很低）。

着色渗透液灵敏度不分等级，即无灵敏度级别。

3）ISO 渗透检测系列标准

渗透检测技术与渗透检测材料在不断进步，渗透检测的灵敏度和可靠性也在不断提高。国际标准化组织（ISO）推出了 ISO 3452《无损检测 - 渗透检测》系列标准，包含如下 6 个部分：ISO 3452 - 1《总则》、ISO 3452 - 2《渗透检测材料的检验》、ISO 3452 - 3《参考试块》、ISO 3452 - 4《设备》、ISO 3452 - 5《温度高于 50℃ 的渗透检测》、ISO 3452 - 6《温度低于 10 ℃ 的渗透检测》。

按照 ISO 3452 系列标准的规定，荧光产品族灵敏度分为 5 级：很低（1/2 级）、低（1 级）、中（2 级）、高（3 级）与超高（4 级）。仅有水洗型荧光渗透液的灵敏度为 1/2 级（很低）。

着色产品族灵敏度分为两级：1 级（普通）和 2 级（高）。

两用产品族未规定灵敏度等级，可按着色产品族进行分类。

我国等同翻译、等效采用了 ISO 3452 系列标准（做了部分编辑性修改），即 GB/T 18851《无损检测 - 渗透检测》系列标准，同样包含 6 个部分：GB/T 18851. 1《总则》、GB/T 18851. 2《渗透检测材料的检验》、GB/T 18851. 3《参考试块》、GB/T 18851. 4《设备》、GB/T 18851. 5《温度高于 50℃ 的渗透检测》、GB/T 18851. 6《温度低于 10℃ 的渗透检测》。

ISO 3452 系列标准也被欧共体全部采用，而作为欧共体（其地位和职权后由欧盟承接）标准，仅在标准号前加"EN"标识。例如 EN ISO 3452 - 3 与 ISO 3452 - 3 完全相同。

ISO 3452 系列标准也被英国、德国等国全部采用，而作为英国、德国等国家标准，仅在标准号前加"BS EN"或"DIN EN"标识，例如 BS EN ISO 3452 - 3 或 DIN EN ISO 3452 - 3 与 ISO 3452 - 3 完全相同。

显示的解释与缺陷的评定（限时 20 min）

班课活动（扫码测试）

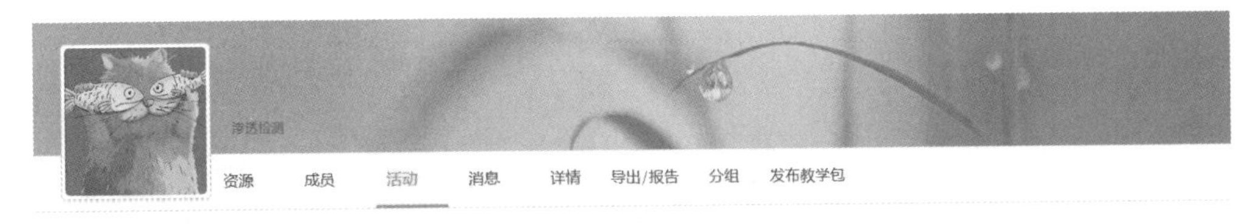

教学课件库（扫码看课件）

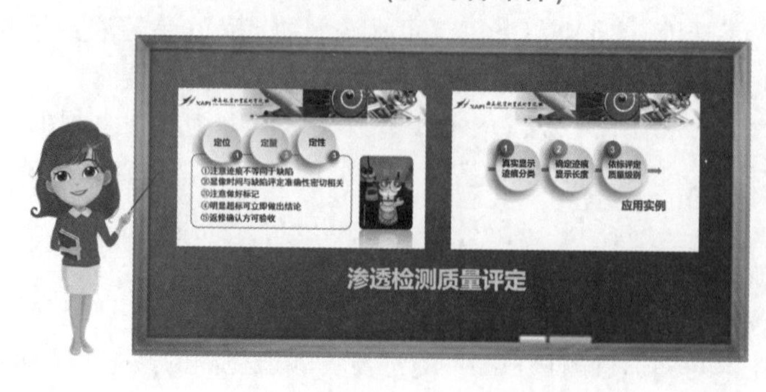

第 15 讲电子课件

学习报告单

教学内容	学习情境6　显示的解释和缺陷的评定（4学时）
教学活动	班课考勤、知识储备、通道讨论、项目测试、自我评价
智能助学	无敌好　资源　成员　活动　消息　详情　导出/报告　分组　发布教学包
知识储备 任务拓展 （学员填写）	

班课评价

考核内容	资源学习	班课考勤	直播讨论	项目测试	老师点赞加分	课堂表现
权重比	40%	10%	20%	20%	5%	5%
系统分值						

双向评价 （自我评价 & 教师评价）			
报告人 （学号姓名）		报告日期	年　　月　　日

学习情境 7 质量控制及卫生与安全技术

【情境引入】

素养育人：
严把质量关，
增强环保意识

渗透检测的质量控制是保证渗透检测可靠性的重要手段，也是保证产品安全使用的重要条件，主要包括渗透检测人员、渗透检测设备、渗透检测材料、技术文件和渗透检测环境等。渗透检测人员必须具备相关的理论知识和专业技能，且需要按相关标准进行资格鉴定；对于渗透检测设备需要按照相关标准要求进行测试和计量；对于渗透检测材料需要按照相关标准对渗透剂污染度、荧光亮度、水洗型渗透剂含水量、乳化剂浓度、显像剂污染度及系统性能等进行测试；渗透检测所使用的标准、技术手册和工艺必须是现行有效的；渗透检测环境指渗透检测时的温度、压力、计时器、暗室环境及灯光照明等要求。安全与卫生技术致力于维护安全与健康，通过安全防护措施避免灾害的发生，利用科学方法预防和减少伤害。

【情境目标】

学习目标

1. 知识目标

（1）掌握渗透检测的常规质量控制项目；

（2）熟悉渗透检测中采用的卫生安全防护措施。

2. 能力目标

（1）储备核心知识，提升专业素养；

（2）增强应用能力及创新能力。

素养目标

（1）具备严谨科学、精益求精的专业精神；

（2）树立良好的质量意识和责任意识。

【知识链接】

课前测试

课前回顾

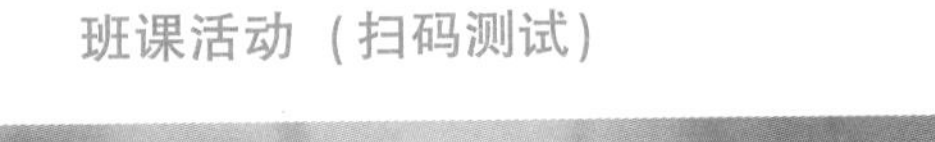

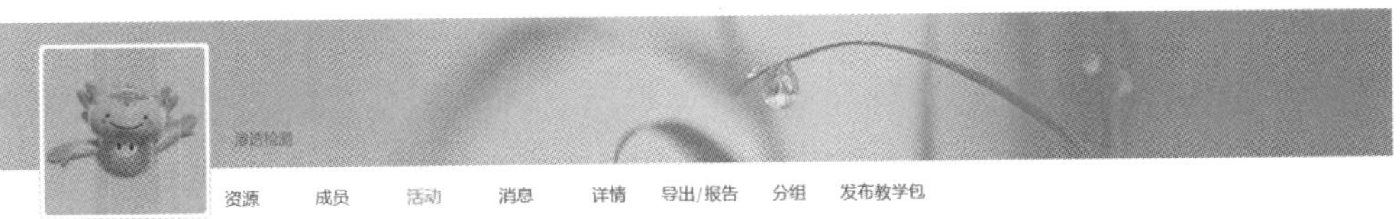

➢ 分解任务

（1）渗透检测的常规质量控制项目有哪些？
（2）渗透检测中采用的卫生安全防护措施有哪些？

➢ 知识储备

渗透检测用于评价和控制产品的质量，是确保产品可靠性的重要手段，如果渗透检测体系本身不可靠，那么即使产品有缺陷，甚至有危害性缺陷，通过渗透检测也可能无法发现。这就失去了渗透检测工作本身的意义，更严重的是，产品可靠性没有保障，产品在使用过程中就可能出现失效，甚至出现破坏。渗透检测使用的材料和设备，由于外界污染、设备老化等因素，其性能可能发生变化，为了保证渗透检测的可靠性和一致性，需要进行定期的控制校验。

1. 渗透检测的质量控制

1）渗透检测的常规质量控制项目

（1）班检工作。

校验项目包括：①系统性能试验：利用五点试块，通过实际显示图像与标准工艺照片对照完成；②压力：水压不大于0.27 MPa，气压不大于0.17 MPa；③水温：10～38 ℃；④环境温度：5～50 ℃；⑤干湿度：小于等于80%；⑥烘箱温度：小于70 ℃；⑦检验区是否干净：早晨上班打扫冲洗。

（2）预清洗校验。

校验项目包括：①目视油层：目视清洗剂的表面是否存在油层，如果有则将其滤除；②周检 pH 值：清洗剂呈碱性，规定 pH 值范围为9.5～11.5；③月检浓度：使用滴定法。

（3）渗透液校验。

校验项目包括：①日检污染：用长管吸取渗透液，待其沉淀后，观察有无污物、分离等状况；②灵敏度：使用中的渗透液配合新的乳化剂和显像剂，其结果与五点试块初校的标准照片对比完成；③含水量：低于5%；④荧光亮度：90%～110%，渗透液受到光热的影响会褪色，110%比新的荧光亮度还高，是因为由于光、热作用渗透液挥发，浓度提高，因此亮度增强。

（4）乳化剂校验。

校验项目包括：①乳化剂浓度：如图7－1所示，当乳化剂浓度低于3%时，通过添加乳化剂实现浓度提升。当乳化剂浓度高于6%时，通过加水稀释达成浓度范围要求，乳化剂浓度利用遮光仪测定；②乳化剂去除性：利用五点试块进行校验。

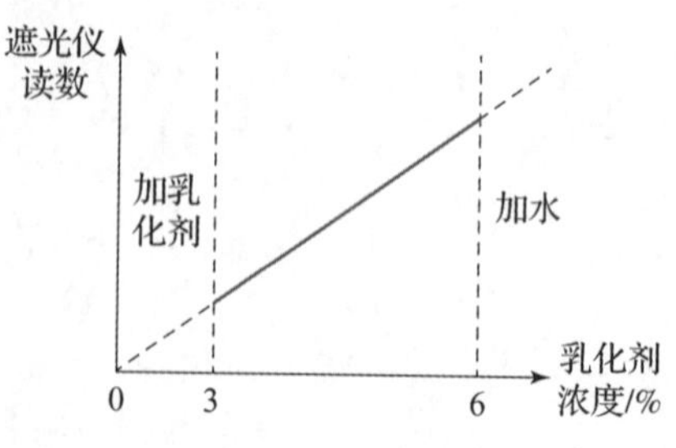

图7－1　乳化剂浓度范围

（5）显像粉校验。

校验项目包括：①显像粉污染校验：在直径为 10 cm 的黑色圆板上施加显像粉（不抽风）后进行暗室观察，如果出现大于等于 10 个的荧光亮点则更换；②目视松散性：显像粉要求松散、干燥；③质量校验：显像粉要求轻质，如果质量大于新显像粉质量的 1.5 倍则更换。

（6）黑光灯校验。

校验项目包括：①滤光片完整性；②黑光辐照度：1 200 ~ 5 000 $\mu W/cm^2$；③漏白光：照度不应超过 20 lx。

（7）照度计校验：半年校一次，送外部校验，误差不应大于 ±5%。

（8）暗室环境白光：照度不应超过 20 lx。

（9）试块校验。

校验项目包括：①试块初校：五点是否出现，测量点的尺寸，同时拍照保留照片；②3 个月检验：测量点的尺寸是否在合格范围内。

（10）遮光仪校验：自校。

（11）烘箱校验。

校验项目包括：①温控仪、温度显示仪是否准确：3 个月校一次；②热电偶：用于高温检测的传感器，原理是随着温度变化其感应电压会产生变化，温度变化范围为 ±8 ℃；③烘干计时器：1 年校一次，误差为 ±10%。

（12）压力表仪器准确性：1 年校一次，误差为 ±10%。

（13）温度表仪器准确性：1 年校一次，误差为 ±10%。

（14）维护。

校验项目包括：①槽液：1 年清理一次；②吊车、吊具：每月维护；③计算机控制软件维护。

2）新购进与使用中渗透检测材料的检验校验

（1）渗透检测材料检验校验。

新购进的渗透检测材料在使用前，必须按标准规定进行检验和控制，以确保其检测灵敏度符合相关质量验收要求。

受污染、本身氧化等因素影响，使用中的渗透检测材料的检测灵敏度也可能发生变化。为了保证每次渗透检测检验的可靠性，必须对使用中的渗透检测材料进行定期校验。

（2）试验用标准参照试样的制备。

将公认的“合格渗透检测材料”作为标准参照试样。

如果有可供使用的化学实验室，并且有与美国宇航材料规范 AMS 2644 所要求相同的、非常严格的验收试验方法，则自行制备标准参照试样也是可行的。

（3）试验用试块的选用。

评定检测灵敏度等级，可以采用 ISO 3452 - 3 或 GB/T 18851.3 标准中的 I 型参考试块，即黄铜板镀镍铬层裂纹试块（C 型试块）。

（4）灵敏度等级试验程序。

详见 AMS 2644、ISO 3452 - 3、GB/T 18851.3 等标准的要求。

3）检测灵敏度、分辨力与可靠性

（1）检测灵敏度。

检测灵敏度均以荧光/着色渗透液为主分级，主要有两种分类方法。

①以 AMS 2644 标准、GJB 2367A 标准为代表，将荧光渗透液的灵敏度分为 1/2 级（最低）、1 级（低）、2 级（中）、3 级（高）、4 级（超高）；着色渗透液的灵敏度不分等级。

②以 ISO 3452 标准、GB 18851 标准为代表，将荧光渗透液的灵敏度分为 1/2 级（最低）、1 级（低）、2 级（中）、3 级（高）、4 级（超高）。着色产品族灵敏度分为两级：1 级（普通）和 2 级（高）。两用产品（即荧光着色）族灵敏度未规定等级，可按着色产品族进行分类。

（2）检测分辨力。

可能观察到的最小缺陷通常以一个或一组数据表达。例如某焊缝着色渗透检测技术标准要求，拒收任何长度大于 2 mm 的线形显示，那么所使用的着色渗透检测技术就必须具有分辨长度为 2 mm 的线形显示的能力。

在按“缺陷”来确定被检对象是否合格时，相关技术规范经常使用 3 个几何特性（尺寸、形状及位置）来描述。因此，所用渗透检测方法必须具有揭示缺陷几何特性的能力。

需注意的是：渗透检测时，缺陷迹痕的宽度会随着显像时间的延长而变宽；缺陷迹痕的形貌会随着显像时间延长而发生变化。

（3）检测可靠性。

检测可靠性是表征渗透检测检出的缺陷迹痕与被检对象的真实缺陷之间的对应性，是反映灵敏度与分辨力两者综合性能的质量判据。

前已叙述，渗透检测时，随着显像时间的延长，缺陷迹痕的长度会变大，宽度也会变大很多，同时形貌会发生变化。不同的渗透检测人员、不同的渗透检测工艺，其检测可靠性也不尽相同。

2. 安全与卫生技术

1）防火安全

渗透检测所使用的材料大部分是可燃性有机溶剂，如煤油、酒精及丙酮等。因此，在储存和使用这些可燃性的渗透检测材料过程中，应采取必要的防火措施。

（1）盛装容器应加盖密封；储存时应远离热源，避免阳光直射；

（2）工作场所应配备灭火器；工作场所与储存室应分开；避免在高温环境下操作；当环境温度较低时，可将便携式压力喷罐装置置于 30 ℃以下的温水中加温使用。

2）卫生安全

渗透检测所使用的有些有机溶剂是有毒的。比如，三氯乙烯具有较强的毒性；丙酮对人有刺激和麻醉作用，属于低毒性的溶剂。渗透检测材料对人体健康造成的危害多属于累积性的。当渗透检测材料沾染皮肤时，由于渗透检测材料对皮肤油脂的溶解作用，长时间会引起皮肤发炎和疼痛；当染料和显像粉尘在空气中浓度超标时，会引起呼吸道黏膜炎症，长期吸入会造成矽肺。众所周知，紫外线会产生物理、化学及生物效应。波长小于 330 nm 的短波紫外线对人体是有害的，而用于荧光渗透检测的长波紫外线则不会引起严重后果，但是黑光照射到人眼会导致眼球荧光效应，使视力下降，还会使人产生其他不适感觉。黑光滤光片破裂失效会导致短波紫外线泄漏，人眼受到短波紫外线辐射就可能导致角膜炎及结膜炎，类似“雪盲症”。因此，采取积极的安全防护措施是十分必要的。

（1）在不影响渗透检测灵敏度，满足零件技术要求的前提下，尽可能采用低毒配方。

（2）采用先进技术，改进工艺，完善设备，增设必要的通风装置，降低有毒物质的浓度。

（3）严格遵守操作规程，正确使用个人防护用品，如口罩、橡胶手套、防护服等。

（4）操作现场严禁吸烟，防毒防火。

（5）工作前，操作人员应佩戴防护手套和围裙，以避免皮肤与渗透检测材料直接接触；工作完毕后，操作人员应涂抹防护油，以防止皮肤干燥或开裂，甚至发生炎症。

（6）严禁使用滤光片破裂的紫外线灯；应尽量避免暴露在黑光下，必要时可佩戴紫外线防护镜（图7－2）。

图7－2　紫外线防护镜

（7）对检测人员进行定期体检，以便及早发现问题，及早治疗，并采取必要的预防措施。

3. 渗透检测材料废液的控制

渗透检测过程中造成污染的主要物质有各种脂类、油类、有机溶剂、非离子型表面活性剂、着色染料或荧光染料等。在水洗型或后乳化型渗透检测工艺中，去除工件表面多余渗透液的操作程序所使用的清洗水或多或少地带有上述污染物，其含量一般都超过允许的排放标准，为了不污染环境，应进行处理。

1）通过工艺降低污染

（1）改进工艺，使渗透液的施加量达到最小，如采用静电喷涂形式施加渗透液。

（2）在渗透或乳化等工序中，尽量延长滴落时间，以减少拖带。

（3）采用后乳化型或水洗型渗透检测工艺时，对清洗水进行合理回收与补充使用，直至无法使用为止。

2）用活性碳过滤废水

后乳化型或水洗型渗透检测工艺过程中产生的废水，是渗透液被直接乳化而产生的用水稀释的乳化液，其中所含的渗透液物质一般少于质量的1%，由于表面活性剂大多是亲水性的，故相对比较稳定。在这些废水处理过程中，常复合使用多种方法，各取所长，以达到处理效果好、效率高、成本低的目的。荧光污水处理系统如图 7-3 所示，其先使用絮凝剂对废水中的污染物进行捕集、吸附，形成大颗粒絮凝污物；再进行过滤，将产生的滤渣作为固体废弃物外送处理；对剩下的低浓度废水用活性碳过滤装置补充处理以达到净化废水的目的。

图 7-3　荧光污水处理系统

安全与防护
(限时 10 min)

班课活动（扫码测试）

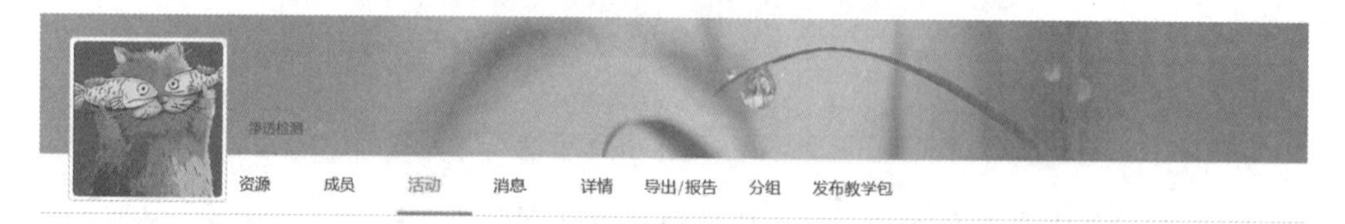

教学课件库（扫码看课件）

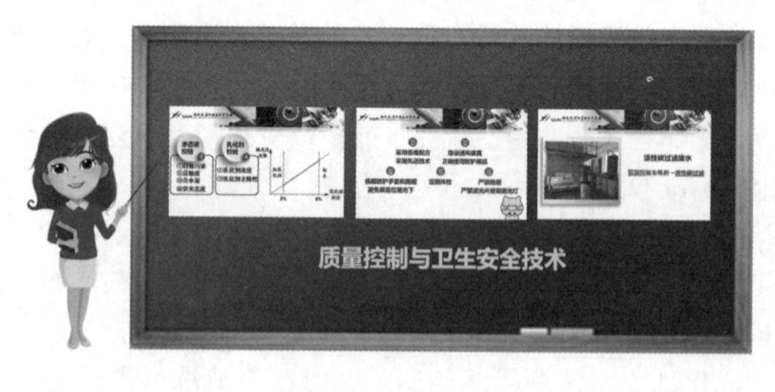

第 16 讲电子课件

学习报告单

教学内容	学习情境7　质量控制及卫生与安全技术（2学时）
教学活动	班课考勤、知识储备、通道讨论、项目测试、自我评价
智能助学	无敌好　资源　成员　活动　消息　详情　导出/报告　分组　发布教学包
知识储备 任务拓展 （学员填写）	

班课评价

考核内容	资源学习	班课考勤	直播讨论	项目测试	老师点赞加分	课堂表现
权重比	40%	10%	20%	20%	5%	5%
系统分值						

双向评价 （自我评价 & 教师评价）			
报告人 （学号姓名）		报告日期	年　　月　　日

学习情境 8 渗透检测技术应用

【情境引入】

渗透检测技术在航空、航天、兵器、船舶、核工业等领域应用广泛，检测对象不但种类繁多，而且材质各不相同。从渗透检测工艺方法考虑，可以把被检测工件分为铸件、锻件、焊接件、机加工件等，针对不同工件选择适当的渗透检测方法，可以获得较高的检测灵敏度，以有效保障产品的质量。

视频：渗透检测技术应用

【情境目标】

学习目标

1. 知识目标

（1）熟悉典型工件的特点、渗透检测方法及程序；

（2）掌握渗透检测工艺中应注意的细节。

2. 能力目标

（1）储备核心知识，提升专业素养；

（2）增强应用能力及创新能力。

素养目标

（1）具备严谨科学、精益求精的专业精神；

（2）树立良好的质量意识和责任意识。

【知识链接】

课前回顾

班课活动（扫码答问题）

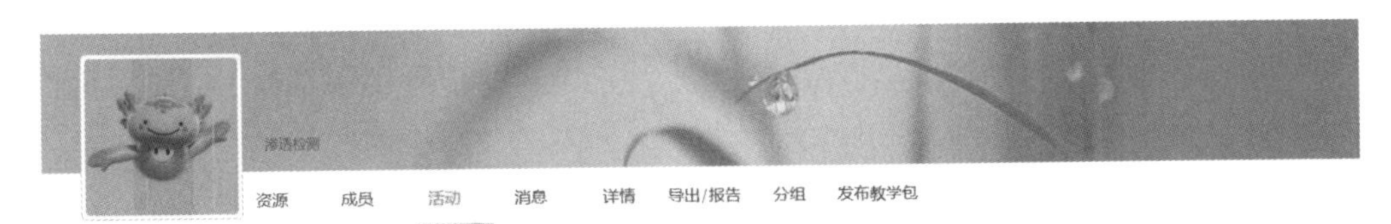

提问与回答

➢ 分解任务

（1）典型工件的渗透检测方法及程序是什么？
（2）渗透检测工艺中应注意的细节有哪些？

➢ 知识储备

1. 铸件的渗透检测

铸件是由熔融金属浇注入铸模，经冷却凝固而成的构件。铸件表面的各类缺陷与复杂多变的铸造工艺过程以及工件服役过程中的外作用力息息相关，其常见缺陷主要有气孔、夹杂物、冷隔（出现在铸造充填过程中）；缩孔、疏松（由于成形条件的差异，液态金属凝固收缩而形成）；裂纹（冷却过程中热应力集中造成）等。

铸件表面粗糙，形状复杂，常采用水洗型荧光渗透检测工艺，如图 8－1 所示。对于重要铸件，如涡轮叶片，由于其采用精密铸造工艺制成，表面很光滑，所以也可以采用后乳化型渗透检测工艺。

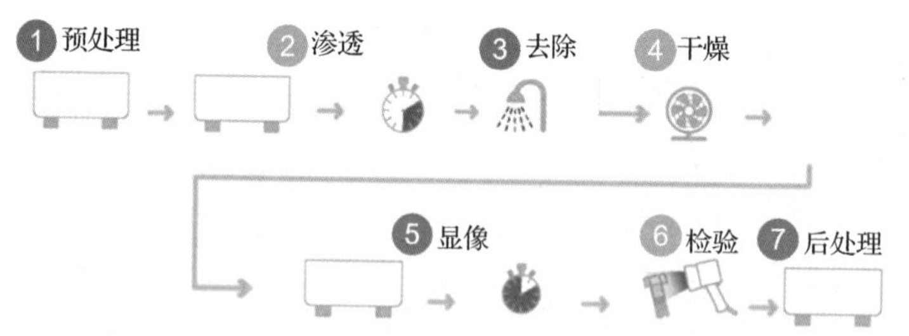

图 8－1　铸件的水洗型荧光渗透检测程序（附彩插）

2. 锻件的渗透检测

锻件是由金属坯料经锻压、挤压、热轧、冷轧、爆炸成形等锻造加工方法得到的金属制件。锻件的常见缺陷主要有分层、折叠、裂纹等，这些缺陷具有方向性，其方向一般与压延方向垂直而与金属流线方向平行。

相较于铸件，锻件表面光洁，缺陷紧密细小，故要求使用高灵敏度的后乳化型荧光渗透检测工艺（图 8－2），且渗透时间应适当延长。

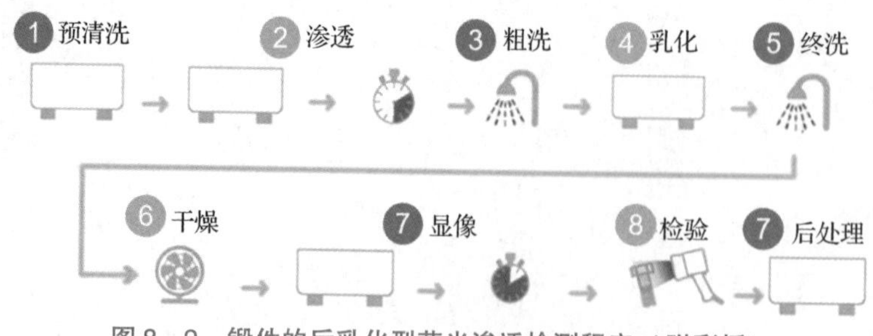

图 8－2　锻件的后乳化型荧光渗透检测程序（附彩插）

3. 焊接件的渗透检测

焊接件是经过特殊焊接工艺和技术处理得到的结合件。焊接件的常见缺陷主要有气孔、夹渣、未焊透、未熔合、裂纹等，只有缺陷外露于表面时渗透检测才有效。

对于现场加工的焊接件，常采用溶剂去除型着色渗透检测工艺，如图8－3所示。

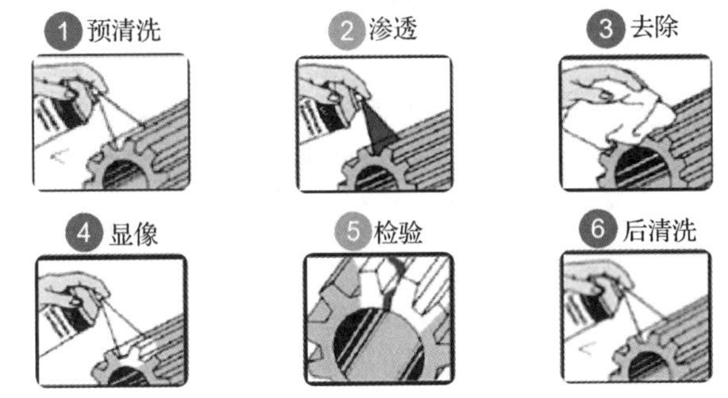

图8－3　焊接件的溶剂去除型着色渗透检测程序（附彩插）

4. 其他工件的渗透检测

1）机加工件的渗透检测

机加工件就是用钣金、切削等机械加工出来的工件。铸件、焊接件、锻件等经机加工后，原坯件存在的缺陷，如气孔、夹杂、裂纹等可能露出表面，进行渗透检测时可采用原毛坯件的检查方法。

如果机加工工艺规范不当，会产生磨削裂纹等新缺陷；如果机加工件热处理不当，会产生淬火裂纹等缺陷，渗透检测对检查淬火裂纹比较方便。

2）非金属工件的渗透检测

非金属工件是用玻璃、陶瓷、塑料、橡胶、合成纤维等非金属材料制成的工件，对其主要检测裂纹。

由于非金属工件的渗透检测灵敏度要求较低，故采用水洗型着色渗透检测即可，并可采用较短的渗透时间。

对玻璃制品进行荧光渗透检测时，可采用自显像方式。

检测多孔性非金属材料制品，如石墨、陶瓷等时，可选用过滤性微粒渗透液进行渗透检测。

3）在役工件的渗透检测

在设备的维修和保养中，常对在役工件进行渗透检测，这是确保设备安全运行的重要手段。由于预检缺陷均非常细小，如疲劳裂纹、应力腐蚀裂纹、晶间腐蚀裂纹等，故渗透检测要求使用荧光渗透液，且渗透时间要求长，在特殊情况下可延长至1～4 h，必要时可采用加载法。

5. 渗透检测工艺中应注意的细节

1）表面处理阶段

必须保证工件表面干净无异物（如胶、油污），否则可能产生以下后果。

（1）影响渗透液渗入缺陷。

（2）工件在滴落过程中表面不能完全被渗透液润湿，即部分表面可能存在不挂液现象。

（3）工件表面的异物会产生荧光显示，影响检测效率。

2）渗透阶段

（1）施加渗透液之前，须保证工件表面充分干燥（若缺陷中存在水分，会影响渗透液渗入），且工件表面温度不能过高（从烘箱取出的工件应等温度降低后再施加渗透液）。

（2）渗透液灵敏度以及施加渗透液的方法选择。

①普通工件根据基础理论选择。

②对于复杂型面、有结合缝、有空腔等容易残留渗透液的工件，优先选择刷涂或喷涂的施加方法，在保证被检测表面能够被渗透液完全覆盖的前提下，尽可能少地施加渗透液，以便水洗时能够快速去除工件表面多余渗透液，且不会在显像之后由于回渗的渗透液过多造成检测背景过重。

③对于批量少且检测面积占总表面积比例非常小，或者存在易被渗透液污染的涂层（如陶瓷层）的工件，可选用溶剂去除法检测，此方法操作简便，效率高，在一定程度上灵敏度也比较高（没有水洗工序，不会去除缺陷处的渗透液或者造成过洗）。

④在无特殊要求，满足检测要求的前提下，尽可能选择低灵敏度的渗透液。灵敏度越低，去除工件表面多余渗透液越容易，操作越简单（自乳化型和后乳化型相比较而言），检测成本越低。

3）水洗及烘干阶段

正确使用操作参数（距离、水压、气压、烘干温度），工件摆放角度应不会积水且利于水从工件表面流出，对于体积较大且不能避免存在积水的部位，可用吸水机吸取或者用干净的棉花蘸去（不能擦）多余的水分后进行烘干。对于后乳化型渗透检测，乳化时可适当转动工件，以改善乳化效果。

4）显像阶段

尽可能少地施加一层薄而均匀的显像剂即可，检测前吹去工件表面多余的显像粉（干粉显像）。

5）检测阶段

（1）熟练掌握各种工件的热加工工艺（铸、锻、焊等），以及各种冷、热加工方法可能产生的缺陷类型（基础理论）。

（2）熟练掌握常用的检测标准。

（3）真实显示和不相关显示的辨别方法：黑光灯下的显示无差别，可借助白光观察，引起不相关显示的结构在白光下能够被观察到。

【注意】当视线与被检工件表面垂直时，目视可达性最佳；当观察角度大于45°时，将降低检验的可靠性，因此在检验时应当尽量避免此种情况。

（4）真实显示和虚假显示的辨别方法：真实显示基本上在黑光灯下呈明亮的黄绿色，虚假显示因为不存在渗透液的回渗，只是工件表面残留的荧光液或者污染物的显示，所以在黑光灯下的显示大多数不够亮，偏白色。虚假显示很容易用丙酮或酒精擦拭后去除，没有复现性；真实显示用丙酮或酒精擦拭后会很快复现。如果擦拭后对荧光显示存在怀疑，不能准确判定是否为真实显示，可在显示处使用溶剂去除法进行验证。

提出问题：在渗透检测过程中的评估阶段是否可以通过轻轻吹气去除残留的干粉显像剂？

班课活动（扫码测试）

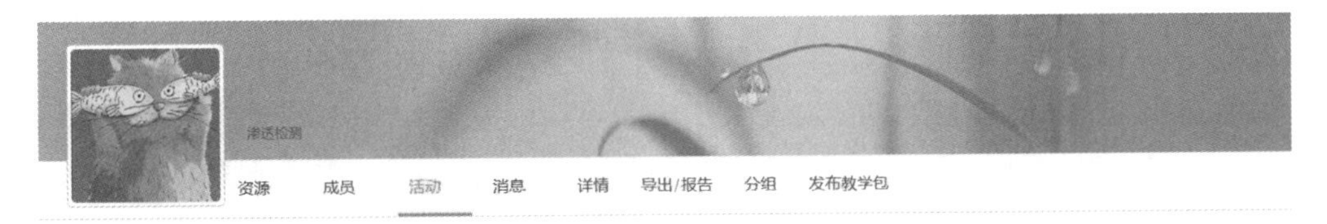

综合训练

教学课件库（扫码看课件）

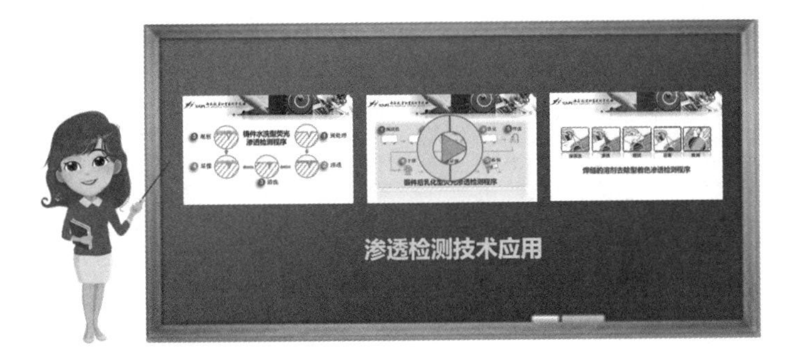

第 17 讲电子课件

学习报告单

<table>
<tr><td>教学内容</td><td colspan="6">学习情境 8　渗透检测技术应用（2 学时）</td></tr>
<tr><td>教学活动</td><td colspan="6">班课考勤、知识储备、通道讨论、项目测试、自我评价</td></tr>
<tr><td>智能助学</td><td colspan="6">无敌好　资源　成员　活动　消息　详情　导出/报告　分组　发布教学包</td></tr>
<tr><td>知识储备
任务拓展
（学员填写）</td><td colspan="6"></td></tr>
<tr><td colspan="7">班课评价</td></tr>
<tr><td>考核内容</td><td>资源学习</td><td>班课考勤</td><td>直播讨论</td><td>项目测试</td><td>老师点赞加分</td><td>课堂表现</td></tr>
<tr><td>权重比</td><td>40%</td><td>10%</td><td>20%</td><td>20%</td><td>5%</td><td>5%</td></tr>
<tr><td>系统分值</td><td></td><td></td><td></td><td></td><td></td><td></td></tr>
<tr><td>双向评价
（自我评价 &
教师评价）</td><td colspan="6"></td></tr>
<tr><td>报告人
（学号姓名）</td><td colspan="2"></td><td>报告日期</td><td colspan="3">年　　月　　日</td></tr>
</table>

学习情境 9

渗透检测工艺实践

技能训练一　水洗型荧光渗透检测

➢ 工作目标

视频：夹持器水洗型荧光渗透检测

（1）熟悉并掌握水洗型荧光渗透检测的工序流程和操作方法；

（2）熟悉过程监测指标和质量控制评价要点；

（3）能依据检测标准对工件实施探伤、评价，并签发检测报告；

（4）提高显示的解释与缺陷的评定能力；

（5）具备严谨科学、精益求精的专业精神；

（6）树立良好的职业责任意识。

➢ 工作任务

对夹持器进行100%表面渗透检测，记录数据并出具检测报告。

工件参数：材质为BS3146ANC3B；工件壁厚1 mm，尺寸精度要求高；采用熔模精密铸造工艺。

➢ 检测工艺

夹持器渗透检测工艺卡示例如表9－1所示。

表9－1　夹持器渗透检测工艺卡示例

工件名称		夹持器	工件材质		BS3146ANC3B
检测方法		Ⅰ类A法a型	灵敏度等级		3级
检测标准		GJB 2367A－2005	验收标准		GJB 2367A－2005
程序	处理方法	温度/℃	压力/MPa	时间/min	检测材料
预处理	溶剂清洗	室温	—	—	丙酮
干燥	自然干燥	室温	—	—	—
渗透	浸涂	15～40	—	15	ZL－67
清洗	手工水喷洗	15～40	0.27	—	—
干燥	热空气	60～65	—	15	循环烘箱
显像	喷粉显像	15～40	—	10	ZP－4B
后处理	水清洗	—	—	—	—

续表

程序	处理方法	温度/℃	压力/MPa	时间/min	检测材料
工件示意图					
批准	×××	审核	×××（PT－Ⅲ）	编制	×××
年　月　日		年　月　日		年　月　日	

检测过程

（1）预清洗。佩戴手套拿取工件。首先，用毛刷沾丙酮清洗工件；然后，在黑光灯下检查清洗效果；最后，用压缩空气辅助吹干工件。

（2）渗透。首先，检查渗透工位环境温度（5～50 ℃）和湿度（≤80%）；紧接着，将工件一端搭放至零件框底部，松开工件另一端划入（防止手套沾染荧光液）；然后，调整控制界面，正确设定渗透检测参数（渗透时间为 7 min，滴落时间为 8 min），按照指令步骤执行渗透操作；最后，将手套摘下归位。

（3）去除。穿戴防护围裙、袖套和帽子。

首先，推动防护帘底部打开通道，戴水洗手套拿取工件，快速将工件置于监控水洗工位（避免过程滴液；监控水洗工位黑光辐照度一般规范为 100 μW/cm^2），并关闭防水帘通道，将底部拉平以防漏水。

紧接着，关闭防水帘，将水枪捏满，将工件置于手心，在黑光灯监控下快速翻转工件进行冲洗。注意在清洗过程中，喷枪的喷嘴与工件之间的距离至少为 300 mm，手工清洗角度为 40°左右，水压≤0. 27 MPa，水温为 10～40 ℃，切忌过清洗。

然后，以至少 300 mm 的距离用压缩空气去除多余水分（气压≤170 kPa），并快速置于干燥箱中，注意工件摆放角度，保证完成均匀短时干燥。

最后，打理清洗工位，将防护围裙、袖套、帽子归位。

（4）干燥。首先，调整控制面板，正确设定干燥参数（以刚干为宜，干燥温度规定≤70 ℃）；然后，按照指令步骤执行干燥程序，注意干燥过程中的箱体温度，一旦超限即刻进行调整。

（5）显像。佩戴手套拿取工件至显像工位。

首先，调整控制面板，正确设定显像参数（曝粉时间为 2 s，静置时间为 8 min，抽风时间为 2 min）。

然后，按照指令步骤执行显像程序。

最后，用压缩空气将工件表面多余显像粉吹掉，注意气压≤34 kPa，气枪嘴与工件之间的距离至少为300 mm。

(6) 检验。进入暗室，同步带入灵敏度试块、试片、照度计、荧光对比尺和工件，注意不要直接将工件放在黑光灯有效区域内。

首先，进行黑暗适应至少1 min，同步检查工作台的污染度、使用材料（显像粉、丙酮液）是否齐备，并测试黑光灯辐照度（距离黑光灯表面380 mm处辐照有效区内寻找强度最大点，要求黑光灯辐照度不低于1 000 $\mu W/cm^2$）和环境白光照度(≤20 lx，1 fc = 10.764 lx)；黑暗适应完成后，检前先对比五点试块照片进行点数、大小、清洗效果的检验。

然后，翻转工件，利用丙酮擦拭技术进行荧光显示的解释，并辅以10倍放大镜直接观察。注意单向擦拭，避免丙酮过饱和流动，擦拭次数最多为2次；同时，重新施加显像剂，注意二次显像时间与一次显像时间相同。

最后，对发现的缺陷进行测量、标识和定性。

(7) 出具检测报告。在暗室外出具检测报告。

(8) 后处理。将工件置于超声波清洗机中进行水清洗，注意戴手套拿取工件，在黑光灯下检查处理效果，并用压缩空气吹干工件。

【备注】注意全过程应干净整洁。

➢ 质量评定

GJB 2367A－2005标准对于线形和圆形显示的等级规定如表9－2所示。

表9－2 GJB 2367A－2005标准对于线形和圆形显示的等级规定

等级	显示的长度/mm
1级	1~2
2级	≥2~4
3级	≥4~8
4级	≥8~16
5级	≥16~32
6级	≥32~64
7级	≥64

➢ 检测报告

夹持器渗透检测报告示例如表9－3所示。

表9－3　夹持器渗透检测报告示例

<table>
<tr><td rowspan="4">工件</td><td>工件名称</td><td>夹持器</td><td>工件编号</td><td>23－1X－2201</td><td>工件规格</td><td>壁厚1 mm</td></tr>
<tr><td>表面状态</td><td>良好</td><td>材质</td><td colspan="3">BS3146ANC3B</td></tr>
<tr><td>检测区域/%</td><td>100</td><td>设备类别</td><td colspan="3">SPT－302型固定式渗透检测装置</td></tr>
<tr><td>加工方式</td><td>熔模精密铸造</td><td>检测温度/℃</td><td>25.3</td><td>环境湿度/%</td><td>62</td></tr>
<tr><td rowspan="6">器材及参数</td><td>渗透剂种类</td><td colspan="2">自乳化型荧光</td><td>检测方法</td><td colspan="2">Ⅰ类A法a型</td></tr>
<tr><td>清洗剂</td><td>丙酮</td><td>检测条件</td><td colspan="3">室内</td></tr>
<tr><td>渗透液</td><td>ZL－67</td><td>渗透液施加方法</td><td>浸涂</td><td>渗透时间/min</td><td>15</td></tr>
<tr><td>显像剂</td><td>ZP－4B</td><td>显像剂施加方法</td><td>喷粉箱喷粉</td><td>显像时间/min</td><td>10</td></tr>
<tr><td>渗透温度/℃</td><td>25.3</td><td>去除渗透液方法</td><td>手工水喷洗</td><td>干燥方法</td><td>干燥箱烘干</td></tr>
<tr><td>乳化剂</td><td>—</td><td>乳化剂施加方法</td><td>—</td><td>乳化时间</td><td>—</td></tr>
<tr><td rowspan="2">技术要求</td><td>观察方法/条件</td><td>暗室黑光灯下目视/黑光辐照度：2 760 μW/cm^2；白光照度：6.458 4 lx</td><td>灵敏度试块</td><td>B型（PSM－5）</td><td>合格级别</td><td>1级</td></tr>
<tr><td>检测标准</td><td colspan="5">GJB 2367A－2005</td></tr>
<tr><td>检测示意图</td><td colspan="6">（附彩插）</td></tr>
</table>

<table>
<tr><td rowspan="4">检测结果</td><td colspan="3">缺陷痕迹显示</td><td rowspan="2">评定等级</td><td colspan="2">合格与否</td></tr>
<tr><td>缺陷编号</td><td>显示类型</td><td>尺寸/mm</td><td>是</td><td>否</td></tr>
<tr><td>①</td><td>气孔</td><td>ϕ2.0</td><td>2级</td><td></td><td>√</td></tr>
<tr><td></td><td></td><td></td><td></td><td></td><td></td></tr>
<tr><td colspan="2">报告人（资格）：
年　月　日</td><td colspan="3">审核人（资格）：
年　月　日</td><td colspan="2">检测专用章</td></tr>
</table>

➢ 工作评价

渗透检测工艺实践评分表如表 9－4 所示。

表 9－4　渗透检测工艺实践评分表

序号	内容		情况
1	预处理 （3 分）	预清洗后是否戴干净手套接触工件	
		预清洗后渗透前工件表面是否干燥清洁	
		预清洗后是否在黑光灯下检查清洗效果	
2	渗透 （20 分）	渗透方法和灵敏度选择是否合理	
		渗透时工件的摆放是否避免渗透液堆积	
		工件待检测表面是否完全覆盖渗透液	
		工件渗透时间是否符合规范要求	
		工件滴落时，是否放在其他灵敏度滴落架上	
3	去除多余渗透液 （8 分）	手工清洗前水、气压表参数是否符合规范要求	
		手工清洗时，水、气枪距工件距离是否符合规范要求	
		放入烘箱前，工件表面是否有明显积水	
		清洗后未进入烘箱前的停留时间是否过长	
4	烘干 （4 分）	工件的烘干时间是否符合规范要求	
		工件烘干过程是否符合规范要求	
5	显像 （6 分）	喷粉前工件是否已完全干燥	
		工件显像时间是否符合规范要求	
		吹多余显像粉时气压表参数是否符合要求	
		吹多余显像粉时气枪距工件的距离是否符合要求	
6	检验 （17 分）	检测前是否已将需使用的工具材料准备好	
		检测前检验区域及材料是否整洁干净	
		检测工件前是否进行黑暗适应	
		未检测的工件是否摆放在黑光灯的有效区域内	
		工件表面背景效果及多余显像粉是否已去除	
		检测工件时是否有过亮的背景影响	
		检测时是否戴黑手套	
		擦拭再显像过程是否符合要求	

续表

序号	内容		情况
7	操作熟练度（10分）	熟练：10；较熟练：6；一般：4；较差：2	
8	报告（25分）	报告中的文字内容是否完整、清晰和整洁	
		草图是否将缺陷准确定位、定性和定量	
		草图是否将缺陷的尺寸标识准确	
		报告的结论是否完整正确	
9	后处理（3分）	后处理后的工件是否在黑光灯下经过检查	
		后处理的工件是否清洁干燥	
		是否将所有使用的物品妥善处置	
10	文明生产（4分）	是否按要求穿戴工作服、工作鞋、发网	
		是否在手工补洗时戴胶皮手套	
		在操作过程中工件是否明显磕碰	

技能训练二　后乳化型荧光渗透检测

视频：航空发动机叶片后乳化型荧光渗透检测

➢ 工作目标

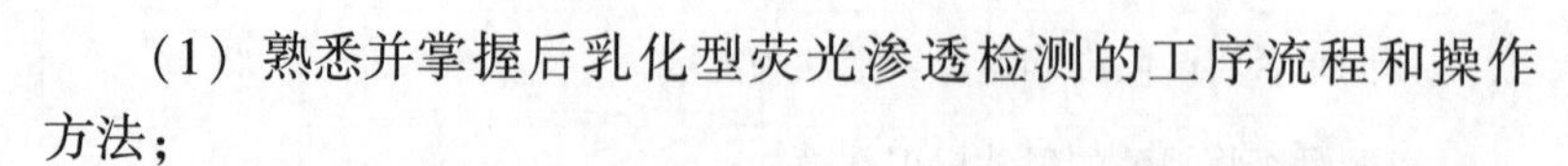

（1）熟悉并掌握后乳化型荧光渗透检测的工序流程和操作方法；

（2）熟悉过程监测指标和质量控制评价要点；

（3）能依据检测标准对工件实施探伤、评价，并签发检测报告；

（4）提高显示的解释与缺陷的评定能力；

（5）具备严谨科学、精益求精的专业精神；

（6）树立良好的职业责任意识。

➢ 工作任务

对航空发动机叶片进行100%表面渗透检测，记录数据并出具检测报告。

工件参数：材质为K002；叶长为103 mm，叶宽为21 mm；采用熔模铸造工艺。

➢ 检测工艺

航空发动机叶片渗透检测工艺卡示例如表9－5所示。

表9－5　航空发动机叶片渗透检测工艺卡示例

工件名称		叶片	工件材质		K002
检测方法		Ⅰ类D法a型	灵敏度等级		3级
检测标准		GJB 2367A－2005	验收标准		GJB 2367A－2005
程序	处理方法	温度/℃	压力/MPa	时间/min	检测材料
预处理	溶剂清洗	室温	—	—	丙酮
干燥	自然干燥	室温	—	—	—
渗透	浸涂	15～40	—	15	ZL－27A
预水洗	手工水喷洗	15～40	0.27	—	—
乳化	浸涂	15～40	—	2	ZR－10B
终水洗	手工水喷洗	15～40	0.27	—	—
干燥	热空气	60～65	—	15	循环烘箱
显像	喷粉显像	15～40	—	10	ZP－4B

续表

程序	处理方法	温度/℃	压力/MPa	时间/min	检测材料
后处理	水清洗	—	—	—	—
工件示意图					
批准	xxx	审核	xxx（PT－Ⅲ）	编制	xxx
年　月　日		年　月　日		年　月　日	

➢ 检测过程

（1）预清洗。将叶片置于超声波清洗机中用丙酮清洗，清洗完毕辅以压缩空气彻底干燥工件。

（2）渗透。采用浸涂方法施加渗透液，将受检表面完全浸湿和覆盖。渗透时间为7 min，滴落时间为8 min。

（3）预水洗。采用手工喷洗方法清洗叶片表面多余渗透液。进行低压喷洗，喷嘴与叶片表面距离至少为300 mm，手工清洗角度为40°左右，保证相同效果的预水洗。

（4）乳化。采用浸涂方式施加亲水性乳化剂，将叶片完全被乳化剂润湿和覆盖，乳化时间为2 min。

（5）终水洗。采用手工喷洗方法进行黑光灯监控水清洗。进行低压喷洗，喷嘴与叶片表面距离至少为300 mm，手工清洗角度为40°左右，保证相同效果的预水洗。

（6）干燥。将叶片置于热空气烘箱中干燥，干燥时间以工件表面刚干为宜。

（7）显像。采用喷粉箱喷粉方法施加干粉显像剂，用压缩空气曝粉，使显像粉均匀覆盖整个被检表面。显像完毕后，用压缩空气将叶片表面多余显像粉吹掉，注意气压≤34 kPa，气枪嘴与叶片之间的距离至少为300 mm。

（8）检验。进入暗室进行黑暗适应至少1 min，暗室内环境白光照度不高于20 lx，黑光灯距叶片表面380 mm处黑光辐照度不低于1 000 $\mu W/cm^2$，有效完成对所发现缺陷的测量、标识和定性。

（9）后处理。同预清洗。

（10）出具检测报告。

【备注】注意全过程应干净整洁。

➢ 质量评定

GJB 2367A－2005标准对于线形和圆形显示的等级规定如表9－6所示。

表 9－6　GJB 2367A－2005 标准对于线形和圆形显示的等级规定

等级	显示的长度/mm
1 级	1～2
2 级	≥2～4
3 级	≥4～8
4 级	≥8～16
5 级	≥16～32
6 级	≥32～64
7 级	≥64

➢ 检测报告

叶片渗透检测报告示例如表 9－7 所示。

表 9－7　叶片渗透检测报告示例

<table>
<tr><td rowspan="4">工件</td><td>工件名称</td><td>叶片</td><td>工件编号</td><td>23－1X－2208</td><td>工件规格</td><td>—</td></tr>
<tr><td>表面状态</td><td>良好</td><td>材质</td><td colspan="3">K002</td></tr>
<tr><td>检测区域/%</td><td>100</td><td>设备类别</td><td colspan="3">SPT－302 型固定式渗透检测装置</td></tr>
<tr><td>加工方式</td><td>熔模铸造</td><td>检测温度/℃</td><td>24.2</td><td>环境湿度/%</td><td>58</td></tr>
<tr><td rowspan="6">器材及参数</td><td>渗透剂种类</td><td colspan="2">亲水性后乳化型荧光</td><td>检测方法</td><td colspan="2">Ⅰ类 D 法 a 型</td></tr>
<tr><td>清洗剂</td><td>丙酮</td><td>检测条件</td><td colspan="3">室内</td></tr>
<tr><td>渗透液</td><td>ZL－27A</td><td>渗透液施加方法</td><td>浸涂</td><td>渗透时间/min</td><td>15</td></tr>
<tr><td>显像剂</td><td>ZP－4B</td><td>显像剂施加方法</td><td>喷粉箱喷粉</td><td>显像时间/min</td><td>10</td></tr>
<tr><td>渗透温度/℃</td><td>24.2</td><td>去除渗透液方法</td><td>手工水喷洗</td><td>干燥方法</td><td>干燥箱烘干</td></tr>
<tr><td>乳化剂</td><td>ZR－10B</td><td>乳化剂施加方法</td><td>浸涂</td><td>乳化时间/min</td><td>2</td></tr>
</table>

续表

<table>
<tr><td rowspan="2">技术要求</td><td>观察方法/条件</td><td>暗室黑光灯下目视/黑光辐照度：2 820 μW/cm²；白光照度：4.305 6 lx</td><td>灵敏度试块</td><td>B 型（PSM－5）</td><td>合格级别</td><td colspan="2">1 级</td></tr>
<tr><td>检测标准</td><td colspan="6">GJB 2367A－2005</td></tr>
<tr><td>检测示意图</td><td colspan="7"> 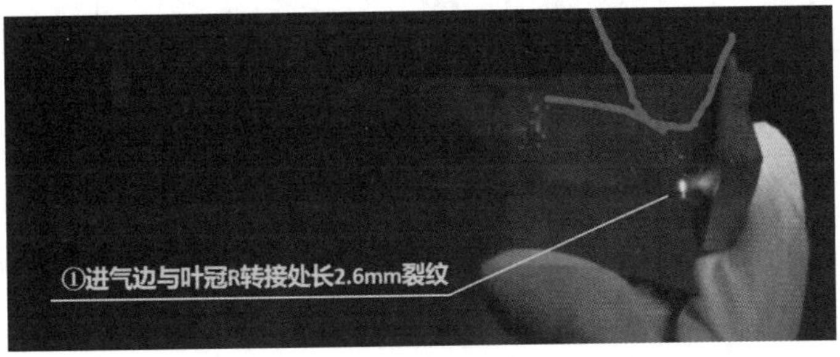①进气边与叶冠R转接处长2.6mm裂纹
附彩插</td></tr>
<tr><td rowspan="4">检测结果</td><td colspan="3">缺陷痕迹显示</td><td rowspan="2">评定等级</td><td colspan="3">合格与否</td></tr>
<tr><td>缺陷编号</td><td>显示类型</td><td>尺寸/mm</td><td>是</td><td colspan="2">否</td></tr>
<tr><td>①</td><td>裂纹</td><td>2.6</td><td>2 级</td><td></td><td colspan="2">√</td></tr>
<tr><td></td><td></td><td></td><td></td><td></td><td colspan="2"></td></tr>
<tr><td colspan="2">报告人（资格）：
年　月　日</td><td colspan="3">审核人（资格）：
年　月　日</td><td colspan="3">检测专用章</td></tr>
</table>

➢ 工作评价

渗透检测工艺实践评分表如表 9－8 所示。

表 9－8　渗透检测工艺实践评分表

<table>
<tr><td>序号</td><td colspan="2">内容</td><td>情况</td></tr>
<tr><td rowspan="3">1</td><td rowspan="3">预处理
（3 分）</td><td>预清洗后是否戴干净手套接触工件</td><td></td></tr>
<tr><td>预清洗后渗透前工件表面是否干燥清洁</td><td></td></tr>
<tr><td>预清洗后是否在黑光灯下检查清洗效果</td><td></td></tr>
</table>

续表

序号	内容		情况
2	渗透 （20分）	渗透方法、灵敏度选择是否合理	
		渗透时工件的摆放是否避免渗透液堆积	
		工件待检测表面是否完全覆盖渗透液	
		工件渗透时间是否符合规范要求	
		工件滴落时，是否放在其他灵敏度滴落架上	
3	去除多余渗透液 （8分）	乳化时间控制是否符合规范要求	
		手工清洗前水、气压表参数是否符合规范要求	
		手工清洗时，水、气枪距工件距离是否符合规范要求	
		放入烘箱前，工件表面是否有明显积水	
		清洗后未进入烘箱前的停留时间是否过长	
4	烘干 （4分）	工件的烘干时间是否符合规范要求	
		工件烘干过程是否符合规范要求	
5	显像 （6分）	喷粉前工件是否已完全干燥	
		工件显像时间是否符合规范要求	
		吹多余显像粉时气压表参数是否符合要求	
		吹多余显像粉时气枪距工件的距离是否符合要求	
6	检验 （17分）	检测前是否已将需使用的工具材料准备好	
		检测前检验区域及材料是否整洁干净	
		检测工件前是否进行黑暗适应	
		未检测的工件是否摆放在黑光灯的有效区域内	
		工件表面背景效果及多余显像粉是否已去除	
		检测工件时是否有过亮的背景影响	
		检测时是否戴黑手套	
		擦拭再显像过程是否符合要求	
7	操作熟练度 （10分）	熟练：10；较熟练：6；一般：4；较差：2	

续表

序号	内容		情况
8	报告 （25分）	报告中的文字内容是否完整、清晰和整洁	
		草图是否将缺陷准确定位、定性和定量	
		草图是否将缺陷的尺寸标识准确	
		报告的结论是否完整正确	
9	后处理 （3分）	后处理后的工件是否在黑光灯下经过检查	
		后处理的工件是否清洁干燥	
		是否将所有使用的物品妥善处置	
10	文明生产 （4分）	是否按要求穿戴工作服、工作鞋、发网	
		是否在手工补洗时戴胶皮手套	
		在操作过程中工件是否明显磕碰	

技能训练三　溶剂去除型着色渗透检测

➢ 工作目标

视频：不锈钢管对接焊缝溶剂去除型着色渗透检测

（1）熟悉并掌握溶剂去除型着色渗透检测的工序流程和操作方法；

（2）熟悉过程监测指标和质量控制评价要点；

（3）能依据检测标准对工件实施探伤、评价，并签发检测报告；

（4）提高显示的解释与缺陷的评定能力；

（5）具有严谨科学、精益求精的专业精神；

（6）树立良好的职业责任意识。

➢ 工作任务

对不锈钢管对接焊缝进行100%表面渗透检测，记录并出具检测报告。

工件参数：材质为304；规格尺寸为$\phi53$ mm×100 mm×4 mm；采用氩弧焊和手工电弧焊结合的焊接工艺。

➢ 检测工艺

不锈钢管对接焊缝渗透检测工艺卡示例如表9－9所示。

表9－9　不锈钢管对接焊缝渗透检测工艺卡示例

<table>
<tr><td rowspan="5">工件</td><td>试件名称</td><td>不锈钢管焊接件</td><td>试件编号</td><td colspan="3">XHZJ－232201</td></tr>
<tr><td>材质</td><td>304</td><td>规格尺寸/mm</td><td colspan="3">$\phi53\times100\times4$</td></tr>
<tr><td>坡口形式</td><td>单V</td><td>表面状态</td><td colspan="3">打磨</td></tr>
<tr><td>加工方式</td><td>焊接</td><td>检测部位</td><td colspan="3">焊缝</td></tr>
<tr><td>检测时机</td><td colspan="5">焊后24 h</td></tr>
<tr><td rowspan="2">器材及参数</td><td>渗透剂种类</td><td>溶剂去除型着色</td><td>检测方法</td><td colspan="3">Ⅱ类C法d型</td></tr>
<tr><td>清洗剂</td><td>G3</td><td>显像方式</td><td>溶剂悬浮型</td><td>后处理方法</td><td>清洗剂清洗</td></tr>
</table>

续表

器材及参数	渗透液	G3	渗透液施加方法	喷涂	渗透时间/min	10
	显像剂	G3	显像剂施加方法	喷涂	显像时间/min	10
	渗透温度/℃	10～40	去除渗透液方法	溶剂擦拭	干燥方法	自然干燥
技术要求	观察方法/条件	白光下目视观察/白光照度：≥1 000 lx	灵敏度试块	B3 型	检测比例/%	100
	检测标准	NB/T 47013.5－2015	验收标准	NB/T 47013.5－2015	合格级别	Ⅰ级

序号	工序名称	操作步骤及技术参数控制要求
1	预清洗	将清洗剂直接喷在被检焊缝区域表面，使用擦拭物（纸）往复擦拭干净，注意清洗范围应从检测部位四周向外扩展25 mm
2	干燥	室温下自然干燥
3	渗透	喷涂施加渗透液，使其覆盖整个受检区域表面，在整个渗透时间内保持润湿，喷嘴距离受检表面300～400 mm，喷涂方向与受检表面角度为30°～40°，单向、平行于焊缝走向，匀速施加渗透液，注意速度不能太慢
4	去除	①去湿：用擦拭物（纸）擦去大量的渗透液，注意单向轻擦；②去红：将清洗剂喷在干净擦拭物（纸）上单向擦拭受检焊缝区域，注意以适量为宜，尽量习惯性用手背试一下施加的量，直至去红擦净；③确认：用干净擦拭物（纸）单向擦拭直至确认完成
5	干燥	室温下自然干燥
6	显像	①垂直上下摇动喷罐，使显像剂充分搅拌均匀；②先试喷，然后单向、平行于焊缝走向，匀速施加显像剂，注意速度不能太慢，喷嘴距离受检表面300～400 mm，喷涂方向与受检表面角度为30°～40°，覆盖层薄而均匀

续表

<table>
<tr><th>序号</th><th>工序名称</th><th colspan="4">操作步骤及技术参数控制要求</th></tr>
<tr><td>7</td><td>观察与评定</td><td colspan="4">施加显像剂后，立即在可见光下进行目视观察，紧接着进行 3 min 观察、10 min 观察。要求受检表面处白光照度不低于 1 000 lx，同时辅以 10 倍放大镜进行细小显示的辨认，用照相方法记录缺陷，并在草图上标明缺陷所在位置，依据标准进行等级评定</td></tr>
<tr><td>8</td><td>后清洗</td><td colspan="4">①用擦拭物（纸）擦除表面显像剂；②将清洗剂直接喷在工件表面，使用干净擦拭物往复擦拭，全面彻底清洗干净</td></tr>
<tr><td colspan="2">工件示意图</td><td colspan="4">100 mm
4 mm
φ53 mm</td></tr>
<tr><td>批准</td><td>×××</td><td>审核</td><td>×××（PT－Ⅲ）</td><td>编制</td><td>×××</td></tr>
<tr><td colspan="2">年　月　日</td><td colspan="2">年　月　日</td><td colspan="2">年　月　日</td></tr>
</table>

➢ 检测过程

渗透检测操作步骤及技术参数控制要求详见表 9－9。在检测过程中，注意温度测试、现场环境白光照度测试。检测结束后，注意清理现场。

➢ 质量评定

NB/T 47013.5－2015 标准对于焊接接头质量分级的规定如表 9－10 所示。

表 9－10　NB/T 47013.5－2015 标准对于焊接接头质量分级的规定

<table>
<tr><th>等级</th><th>线形缺陷</th><th>圆形缺陷（评定框尺寸为 35 mm×100 mm）</th></tr>
<tr><td>Ⅰ</td><td>$l \leqslant 1.5$</td><td>$d \leqslant 2.0$，且在评定框内不多于 1 个</td></tr>
<tr><td>Ⅱ</td><td colspan="2">大于Ⅰ级</td></tr>
<tr><td colspan="3">注：l 表示线性缺陷显示长度，mm；d 表示圆形缺陷显示在任何方向上的最大尺寸，mm。</td></tr>
</table>

➢ 检测报告

不锈钢管对接焊缝渗透检测报告示例如表 9－11 所示。

表 9－11　不锈钢管对接焊缝渗透检测报告示例

工件	试件名称	不锈钢管焊接件	试件编号	XHZJ－232201		
	材质	304	规格尺寸/mm	ϕ53×100×4		
	坡口形式	单 V	表面状态	打磨		
	加工方式	焊接	检测部位	焊缝		
	检验时机	焊后 24 h				
器材及参数	渗透剂种类	溶剂去除型着色	检测方法	Ⅱ类 C 法 d 型		
	清洗剂	G3	显像方式	溶剂悬浮型	后处理方法	清洗剂清洗
	渗透液	G3	渗透液施加方法	喷涂	渗透时间/min	10
	显像剂	G3	显像剂施加方法	喷涂	显像时间/min	10
	渗透温度/℃	22.4	去除渗透剂方法	溶剂擦拭	干燥方法	自然干燥
技术要求	观察方法	可见光下目视/可见光照度：1 850 lx	灵敏度试块	B3 型	检测比例/%	100
	检测标准	NB/T 47013.5－2015	验收标准	NB/T 47013.5－2015	合格级别	Ⅰ级
缺陷平面示意图	0点 101 mm ① ② 12 32 100 mm ϕ53 mm					

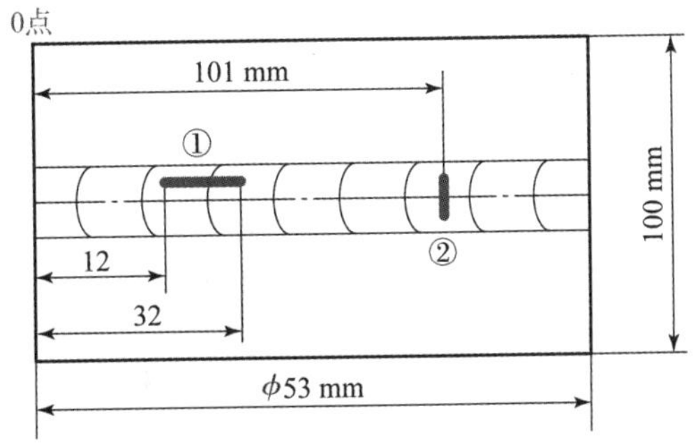

续表

<table>
<tr><td rowspan="4">检测结果</td><td colspan="4">缺陷痕迹显示</td><td colspan="2">评定等级</td><td colspan="2">合格与否</td></tr>
<tr><td>缺陷编号</td><td>缺陷性质</td><td>缺陷位置/mm</td><td>缺陷长度/mm</td><td>Ⅰ级</td><td>Ⅱ级</td><td>是</td><td>否</td></tr>
<tr><td>①</td><td>纵向裂纹</td><td>12~32</td><td>20</td><td></td><td>√</td><td></td><td>√</td></tr>
<tr><td>②</td><td>横向裂纹</td><td>101</td><td>12</td><td></td><td>√</td><td></td><td>√</td></tr>
<tr><td colspan="3">检测/等级：
年　月　日</td><td colspan="2">审核/等级：
年　月　日</td><td colspan="4">检测专用章</td></tr>
</table>

➢ 工作评价

渗透检测工艺实践评分表如表 9－12 所示。

表 9－12　渗透检测工艺实践评分表

<table>
<tr><td>序号</td><td>考核项目</td><td>考核内容</td><td>考核标准</td><td>评分标准</td><td>实际得分</td></tr>
<tr><td>1</td><td>材料、器具检查</td><td>了解渗透检测材料的性能，检查各测量器具是否完好、齐全、安全可靠</td><td>满足检测要求</td><td>3</td><td></td></tr>
<tr><td rowspan="2">2</td><td rowspan="2">综合性能测试</td><td>采用 B 型试块测试</td><td>符合标准规定</td><td>8</td><td></td></tr>
<tr><td>测量受检表面白光照度</td><td>符合标准规定</td><td>8</td><td></td></tr>
<tr><td>3</td><td>工件表面检查</td><td>清除受检区域表面油污等</td><td>清除干净</td><td>2</td><td></td></tr>
<tr><td rowspan="3">4</td><td rowspan="3">检测操作</td><td>渗透</td><td>温度符合要求，渗透时间充分，渗透液持续润湿</td><td>6</td><td></td></tr>
<tr><td>去除多余渗透液</td><td>单向擦拭，先用干布擦拭，再用干净面蘸清洗剂擦拭</td><td>10</td><td></td></tr>
<tr><td>显像</td><td>显像剂施加均匀，厚度适中</td><td>6</td><td></td></tr>
</table>

续表

<table>
<tr><th>序号</th><th colspan="2">考核项目</th><th>考核内容</th><th>考核标准</th><th>评分标准</th><th>实际得分</th></tr>
<tr><td>5</td><td colspan="2">渗透显示分析</td><td>检查渗透显示，辨别真伪</td><td>认真检查、仔细分析，辨别相关显示、非相关显示和虚假显示</td><td>5</td><td></td></tr>
<tr><td>6</td><td colspan="2">清理现场</td><td>将检测用的试件、渗透检测材料及测量器具归位，做好卫生</td><td>整齐、整洁、不遗漏</td><td>2</td><td></td></tr>
<tr><td rowspan="5">7</td><td rowspan="5">缺陷记录</td><td rowspan="2">缺陷定位</td><td>X缺陷最左端起点到缺陷记录零位线的距离（X轴方向上）</td><td rowspan="2">±3 mm内不扣分；
±（3～5）mm，每组扣2/n分；
±（5～10）mm，每组扣5/n分；
大于±10mm，不得分</td><td rowspan="2">10</td><td></td></tr>
<tr><td>Y缺陷最左端起点到缺陷记录零位线的距离（Y轴方向上）</td><td></td></tr>
<tr><td rowspan="2">缺陷定量</td><td>线形显示长度</td><td rowspan="2">±3 mm内不扣分；
±（3～5）mm，每组扣2/n分；
±（5～10）mm，每组扣5/n分；
大于±10mm，不得分</td><td rowspan="2">10</td><td></td></tr>
<tr><td>非线形显示主轴尺寸</td><td></td></tr>
<tr><td colspan="2">缺陷漏检或误判</td><td>漏检：每漏检1个扣20/n分；
误判：每误判1个扣3分</td><td>20</td><td></td></tr>
<tr><td rowspan="3">8</td><td colspan="2" rowspan="3">缺陷评定及检测报告</td><td>结果评定</td><td>结果评定准确</td><td>4</td><td></td></tr>
<tr><td>报告的填写</td><td>项目齐全，数据准确</td><td>3</td><td></td></tr>
<tr><td>缺陷位置示意图</td><td>规范、完整，图形清楚</td><td>3</td><td></td></tr>
<tr><td>9</td><td colspan="2">实际操作时间</td><td>总时间为30 min，最多不能超过15 min</td><td>每超过5 min扣3分</td><td>0</td><td></td></tr>
</table>

班课活动（扫码测试）

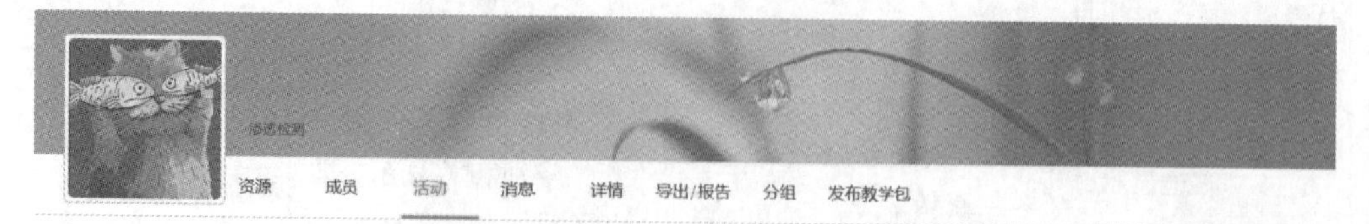

模拟测试
（限时 60 min）

教学课件库（扫码看课件）

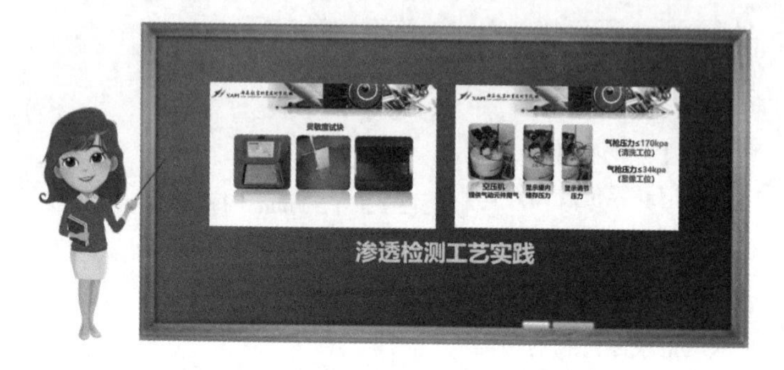

第 18 讲电子课件

学习报告单

教学内容	学习情境9　渗透检测工艺实践（54学时）
教学活动	班课考勤、知识储备、通道讨论、项目测试、自我评价
智能助学	
知识储备 任务拓展 （学员填写）	

班课评价

考核内容	资源学习	班课考勤	直播讨论	项目测试	老师点赞加分	课堂表现
权重比	40%	10%	20%	20%	5%	5%
系统分值						

双向评价 （自我评价 & 教师评价）	

报告人 （学号姓名）		报告日期	年　　月　　日

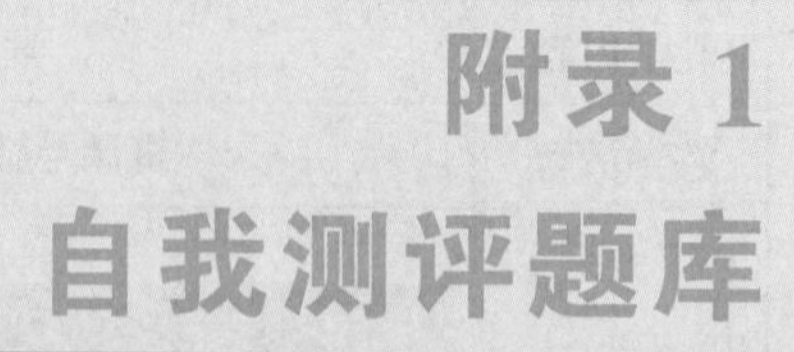

附录 1
自我测评题库

（限时 60 min）

1. 液体渗入微小裂纹的原理主要是（　　）。

A. 表面张力作用　　B. 液体对固体表面的润湿性

C. 毛细作用　　D. 上述都是

2. 下列关于渗透检测局限性的叙述中，正确的是（　　）。

A. 不能用于铁磁性材料　　B. 不能发现近表面缺陷

C. 不能用于非金属材料　　D. 不能发现浅的表面开口缺陷

3. 渗透检测多孔性材料时，应该（　　）。

A. 延长渗透时间　　B. 使用荧光显像剂

C. 彻底清洗多余渗透液　　D. 以上都不对

4. 下列不属于渗透检测的是（　　）。

A. 荧光着色渗透检测　　B. 高灵敏度着色渗透检测

C. 水洗型荧光渗透检测　　D. 亲水性后乳化型荧光渗透检测

5. 下述不属于渗透检测特点的是（　　）。

A. 可以发现任何表面开口缺陷

B. 可以检出缺陷的长度、形状及深度

C. 适用于野外操作

D. 可以单人操作，也可以多人协作

6. 下述关于可见光的叙述中正确的是（　　）。

A. 波长在500~700 nm范围内的电磁辐射

B. 波长在400~700 nm范围内的电磁辐射

C. 波长在330~400 nm范围内的电磁辐射

D. 波长在500~550 nm范围内的电磁辐射

7. 下述哪些属于渗透检测中不希望存在的污染物？（　　）

A. 存在于工件表面或在渗透检测材料中对液体渗透材料的性能起有害作用的任何外来物

B. 水

C. 金属屑

D. 以上都是

8. 下列哪些属于不连续性？（　　）

A. 工件正常组织结构或外形的任何中断，这种中断可能会，也可能不会影响工件的可用性

B. 零件表面的渗透液污染

C. 零件表面的油污

D. 零件表面的金属屑

9. 对于渗透检测中的本底，下列叙述中不正确的是（　　）。

A. 可以是工件的本来表面

B. 可以是其上涂有显像剂的表面

C. 彻底清洗干净的表面

D. 在液体渗透检测中，以之为背景观察有无缺陷显示的工件表面

10. 在渗透检测过程中，对解释的定义是（　　）。

A. 对显示是否符合规定的验收标准进行确定

B. 确定显示是相关显示还是非相关显示或假显示

C. 对有疑问的显示进行评定

D. 对非相关显示进行清除

11. 润湿剂是指（　　）。

A. 加入液体以增加其清洗性的物质

B. 加入液体以使其发泡的物质

C. 加入液体以减小其表面张力的物质

D. 加入液体以增大其表面张力的物质

12. 渗透时间是指（　　）。

A. 在液体渗透检测中，渗透液与工件表面接触的全部时间，包括施加和滴落的时间

B. 工件浸入渗透液的总时间

C. 工件离开渗透液的时间；

D. 工件从浸入渗透液到检测之间的时间

13. 下列有关非相关显示的叙述中，不正确的是（　　）。

A. 非相关显示是不真实的显示

B. 非相关显示是一些无法控制的试验条件所产生的真实显示，但与可能构成缺陷的不连续性并无关系

C. 非相关显示需要解释

D. 以上都不对

14. 关于荧光猝灭，可能（　　）。

A. 不是由于激发辐射的移开，而是强氧化剂或酸的作用或二者的共同作用导致的

B. 是温度的变化导致的

C. 是浓度的变化导致的

D. 以上都是

15. 关于缺陷，下列叙述中正确的是（　　）。

A. 缺陷的尺寸、形状、取向、位置或性质对工件的有效使用会造成损害或不满足规定验收标准要求的不连续性

B. 缺陷是工件结构的原因而造成的

C. 缺陷是渗透检测操作不当引起的

D. 缺陷是渗透液污染引起的

16. 下面哪种裂纹的毛细作用最强？（　　）

A. 宽而长的裂纹　　B. 长而填满污物的裂纹

C. 细而清洁的裂纹　　D. 宽而浅的裂纹

17. 玻璃细管插入无味煤油，细管内煤油液面呈（　　）。

A. 凹液面，高于管外液面　　B. 凸液面，接触角大于90°

C. 凸液面，低于管外液面 D. 凹液面，接触角大于90°

18. 润湿液体在毛细管中上升的高度与（　　）成正比。

A. 表面张力系数 B. 接触角余弦

C. 表面张力系数与接触角余弦的乘积 D. 液体密度

19. 弯曲液面对液体内部产生的、方向总是指向弯曲液面曲率中心的拉应力称为（　　）。

A. 向心力 B. 大气压强 C. 附加压强 D. 压强

20. 液体表面张力的方向是（　　）。

A. 与液面垂直并指向液体内部

B. 与液面相切并指向使液面缩小的方向

C. 与液面垂直并指向液体外部

D. 与液面相切并指向使液面扩大的方向

21. 下列关于液体的表面张力系数的叙述中，正确的是（　　）。

A. 容易挥发的液体比不容易挥发的液体表面张力系数要大

B. 同一种液体在高温时比在低温时表面张力系数要小

C. 含有杂质的液体比纯净的液体表面张力系数要大

D. 以上都对

22. 渗透液能在工件表面上扩散为光滑均匀的薄膜，是由于渗透剂具有（　　）。

A. 低粘度 B. 高粘度 C. 润湿能力 D. 毛细作用

23. 决定渗透液渗透能力的两个主要参数是（　　）。

A. 表面张力系数和粘度 B. 密度和接触角

C. 表面张力系数和接触角 D. 密度和表面张力系数

24. 亲水性乳状液（　　）。

A. 外相为水，内相为油，乳化形式为O/W

B. 外相为油，内相为水，乳化形式为W/O

C. 外相为水，内相为油，乳化形式为W/O

D. 外相为油，内相为水，乳化形式为O/W

25. 后乳化型渗透检测中使用乳化剂的目的是（　　）。

A. 使渗透液体加快渗入深而紧密的裂纹

B. 与表面渗透液反应，使渗透液能被水洗掉

C. 给渗透液添加荧光染料或着色染料

D. 提供一个可以粘住干粉显像剂的涂层

26. 下面哪种物质可用作表面活性剂？（　　）

A. 洗涤剂 B. 乙醇 C. 醋酸 D. 氯化钠

27. 渗透检测中所用乳化剂的最理想HLB值范围是（　　）。

A. 3.5~6 B. 8~18 C. 11~15 D. 1~5

28. 荧光渗透检测所用黑光属于（　　）。

A. 短波紫外线 B. 中波紫外线

C. 长波紫外线 D. 以上都不是

29. 荧光渗透检测中所用紫外线为（　　）。

A. UV－A　　B. UV－B　　C. UV－C　　D. UV

30. 黑白之间能得到的最高对比度为（　　）。

A. 33/1　　B. 6/1　　C. 9/1　　D. 1 000/1

31. 一种好的渗透液应具有（　　）。

A. 低闪点　　B. 高闪点　　C. 中闪点　　D. 闪点高低均可

32. 下面的叙述中，正确的是（　　）。

A. 渗透液是溶液　　B. 渗透液是悬浮液

C. 渗透液是乳浊液　　D. 以上全不对

33. 对于渗透检测中使用的渗透液，一般要求其密度（　　）。

A. 大于 1　　B. 小于 1

C. 等于 1　　D. 任何密度值都可以

34. 渗透液应呈（　　）。

A. 碱性　　B. 酸性　　C. 中性　　D. 弱碱性

35. 含硫、钠元素的渗透检测材料不宜用于（　　）。

A. 铝镁合金　　B. 镍基合金　　C. 钛合金　　D. 奥氏体不锈钢

36. 渗透液中的卤族元素含量超标容易导致（　　）产生应力腐蚀裂纹。

A. 铝合金　　B. 镍基合金　　C. 镁合金　　D. 奥氏体不锈钢

37. 荧光渗透液中常见的污染是（　　）。

A. 金属屑　　B. 油　　C. 洗涤剂　　D. 水

38. 水洗型渗透液和非水洗型渗透液的一个重要区别是（　　）。

A. 水洗型渗透液含有乳化剂，而非水洗型渗透液不含乳化剂

B. 两种渗透液的粘度有很大不同

C. 两种渗透液的颜色不同

D. 非水洗型渗透液只能用于荧光渗透检测法

39. 乳化剂的 HLB 值越小，则（　　）。

A. 亲水性越强　　B. 亲油性越强

C. 亲水性、亲油性均越强　　D. 亲水性、亲油性均越弱

40. 渗透检测中使用显像剂的目的是（　　）。

A. 通过吸附作用促使渗透液从缺陷中内回到工件表面

B. 吸收残余乳化剂

C. 遮盖不相关显示

D. 以上都对

41. 对于水洗型渗透液，不推荐使用（　　）。

A. 干粉显像剂　　B. 塑料薄膜显像剂

C. 溶剂悬浮型显像剂　　D. 水溶性显像剂

42. 在渗透检测生产线中，干燥装置通常采用（　　）。

A. 热空气循环干燥装置　　B. 箱式电炉装置

C. 电加热管烘烤装置　　D. 鼓风机

43. 在使用水洗型荧光渗透液和干粉显像剂的渗透检测生产线中，黑光灯应放在（　　）。

A. 渗透工位　　B. 显像工位　　C. 水洗工位　　D. 干燥工位

44. 在渗透检测生产线中，盛装渗透液或乳化剂的容器一般采用（　　）。

A. 碳钢槽　　B. 不锈钢槽　　C. 青铜槽　　D. 塑料槽

45. 荧光渗透检测中黑光灯的主要作用是（　　）。

A. 放大显示　　B. 使显示可见　　C. 使显示清晰　　D. 加快检测速度

46. 渗透检测中，试块的作用是进行（　　）。

A. 灵敏度试验　　B. 工艺性试验　　C. 比较试验　　D. 以上都是

47. 在比较两种不同的渗透液性能时，哪种试块较方便？（　　）

A. A 型试块　　B. B 型试块

C. 凸透镜试块　　D. 带已知裂纹的试块

48. 下列关于渗透检测前的预清洗的说法中，不正确的是（　　）。

A. 超声波清洗是利用超声波的机械振动，去除工件表面的油污

B. 铝、镁、钛等软金属材料的表面污物可用振动光饰的方法去除

C. 干吹吵适用于去除氧化皮、熔渣、铸件型砂等

D. 湿吹砂适用于清除比较轻微的沉积物

49. 采用浸涂法施加渗透液后需要滴落，滴落的目的是（　　）。

A. 减少渗透液的损耗　　B. 减少渗透液对乳化剂的污染

C. 继续进行渗透　　D. 以上都是

50. 下述关于手工喷洗的说法中，正确的是（　　）。

A. 要缩短去除时间，应用实心水冲洗

B. 对于灵敏度要求高的工件，宜将工件浸泡于水中进行清洗

C. 宜采用 20 ℃左右的水喷洗，水温不宜低于 10 ℃，也不宜高于 38 ℃

D. 应采用气/水混合喷洗，空气压力应大于 0.27 MPa

51. 下列去除方法中，可能从缺陷中去除渗透液最多的是（　　）。

A. 溶剂清洗　　B. 水洗渗透液的水洗

C. 后乳化渗透液的去除　　D. 干净干布擦除

52. 去除表面多余渗透液后，干燥工件的干燥时间与哪些因素有关？（　　）

A. 干燥时间　　B. 工件的数量

C. 工件的结构　　D. 与以上因素都有关系

53. 显像时间过长会带来什么严重后果？（　　）

A. 使缺陷显示失真，降低分辨力　　B. 造成后处理困难

C. 使工件表面吸附过多显像剂　　D. 造成细微缺陷漏检

54. 根据工件表面粗糙程度的不同，采用不同的显像剂。下述说法中正确的是（　　）。

A. 对于粗糙工件表面，湿法比干法好　　B. 对于粗糙工件表面，干法比湿法好

C. 对于光洁工件表面，干法比湿法好　　D. 上述都对

55. 溶剂去除型着色渗透检测的优点是（　　）。

A. 不需要特殊光源，现场操作方便

B. 适用于大型工件的局部检测，不需要电源和水源

C. 具有较高的检测灵敏度，抗污能力强

D. 上述都是

56. 渗透检测中选择渗透液的原则是（　　）。

A. 光洁工件表面宜选用溶剂清洗型渗透液

B. 粗糙工件表面宜选用后乳化型渗透液

C. 粗糙工件表面宜选用溶剂清洗型渗透液

D. 粗糙工件表面宜选用水洗型渗透液

57. 去除工件表面多余渗透液，操作的理想目标是（　　）。

A. 从缺陷中去除少量渗透液，并使工件表面的渗透液残余量最少

B. 从缺陷中去除少量渗透液，并使工件表面没有残余渗透液

C. 不得将缺陷中的渗透液去除，并使工件表面有少量残余渗透液

D. 不得将缺陷中的渗透液去除，并使工件表面没有残余渗透液

58. 渗透检测中，解释检测结果应（　　）。

A. 在 3 级渗透检测人员指导下由 1 级渗透检验人员进行

B. 由高级工程师进行

C. 由 2 级或 2 级以上渗透检测人员进行

D. 由 3 级无损检测人员进行

59. 从工件表面去除溶剂型着色渗透液的最常用的方法是（　　）。

A. 浸入溶剂　　B. 喷洗　　C. 手工擦洗　　D. 吹洗

60. 用浸涂法将渗透液施加到工件上后，（　　）。

A. 应使工件在整个接触期内浸泡在槽液中

B. 应将工件放在一边直到接触时间结束

C. 应将工件放在能使多余的渗透液滴回槽子的托架上

D. 应将工件立即放在碱溶剂清洗槽中

61. 采用喷洗方法去除工件表面渗透液时，在（　　）情况下不容易将裂纹中的渗透液去除。

A. 渗透液粘度低　　B. 渗透液粘度高

C. 渗透液粘度中等　　D. 与粘度没有关系

62. 检测精铸涡轮叶片上非常细微的缺陷，使用的渗透液类型应当是（　　）。

A. 水洗型荧光渗透液，以得到适当的灵敏度和水洗性能

B. 溶剂去除型渗透液，这是由工件的大小和形状决定的

C. 后乳化荧光渗透液，以得到最高的灵敏度和水洗性能

D. 溶剂去除型渗透液，以得到较高的可见度

63. 如果工件表面温度太高，则（　　）。

A. 渗透液粘度可能过高

B. 渗透液中的一些易挥发性材料会损失

C. 渗透液的表面张力增大

D. 渗透液的接触角增大

64. 使用水洗型渗透液时，最重要的注意事项是（　　）。

A. 保证工件得到充分的清洗　　B. 保证不超过推荐的时间

C. 避免过清洗　　D. 避免过乳化

65. 采用溶剂去除工件表面多余渗透液时，溶剂的作用是（　　）。

A. 将渗透液变得可用水洗掉　　B. 溶解渗透液并将其去除

C. 兼有乳化剂作用　　D. 增加渗透能力

66. 采用后乳化型渗透液时，哪种操作可以防止过清洗？（　　）

A. 在渗透液完全乳化之前清洗

B. 在渗透液完全乳化之后清洗

C. 一旦将多余的渗透液去除，就立刻停止清洗

D. 使用温度高于60 ℃的水清洗

67. 渗透检测通用工艺规程应包括的内容，不包括（　　）。

A. 人员资格　　B. 引用标准

C. 检测设备　　D. 检测工件数量

68. 渗透检测通用工艺规程的编制依据包括（　　）。

A. 委托单位提出的要求（了解检测量和技术要求）

B. 零件的设计图样和其他设计文件

C. 指定的渗透检测方法标准和质量验收标准

D. 以上都是

69. 渗透检测专用工艺卡的编制要求是（　　）。

A. 可由渗透检测1级人员编制　　B. 仅由渗透检测2级及以上人员编制

C. 仅由渗透检测3级人员编制　　D. 以上人员都可以编制

70. 渗透检测专用工艺卡的批准要求是（　　）。

A. 仅由渗透检测2级人员批准

B. 仅由渗透检测3级人员批准

C. 由渗透检测2级及以上人员批准

D. 持有渗透检测资格证书的人员都可批准

71. 对砂型铸件进行渗透检测会出现哪种显示？（　　）

A. 未熔合　　B. 折叠　　C. 中心缩管　　D. 气孔

72. 铸件上由于厚、薄截面上冷却速度不同而产生的应力不均匀所导致的许多分枝线形显示最可能是（　　）。

A. 疏松　　B. 冷隔　　C. 热裂　　D. 折叠

73. 下述对冷隔的描述中正确的是（　　）。

A. 冷隔是由于铸模内两股半熔的金属流汇聚到一起时未熔合而形成的

B. 冷隔是危害性较大的扩展性缺陷

C. 冷隔仅出现在金属铸件中，常出现在远离浇口的薄壁处、金属流汇合处、冷铁激冷处

D. 以上都对

74. 对使用过的铸件的送检要求是（　　）。

A. 应去除表面的积炭、氧化层和涂层

B. 应切除浇、冒口，清除型砂、氧化皮和石蜡等

C. 应去除铸件表面的毛刺、金属屑

D. 应去除机加过程中产生的封闭缺陷的金属毛刺和金属屑

75. 下列哪些铸造缺陷可通过渗透检测发现？（　　）

A. 在铸造过程中，产生于（或延伸到）零件铸造表面的铸造缺陷

B. 在后续的机加工过程中，裸露到机加工面上的内部铸造缺陷

C. 在后续的多种加工过程中，产生于铸件表面的加工缺陷

D. 以上都是

76. 砂型铸造铸件，其铸造表面粗糙，一般可用下述哪种渗透检测方法检测？（　　）

A. 类型Ⅰ，方法 A　　B. 类型Ⅰ，方法 B

C. 类型Ⅱ，方法 D　　D. 类型Ⅰ，方法 D

77. 进行荧光渗透检测时，铸件表面的单个圆形显示可能是（　　）。

A. 疲劳裂纹　　B. 气孔　　C. 热撕裂　　D. 冷隔

78. 焊缝渗透检测中经常发现的缺陷有（　　）。

A. 裂纹　　B. 折叠　　C. 热撕裂　　D. 冷隔

79. 下列关于未焊透的说法中正确的是（　　）。

A. 未焊透是焊接时接头根部未完全熔透的现象

B. 对于单面焊接的对接接头，未焊透出现在表面

C. 对于单面焊接，未焊透出现在内部，是钝边未熔透

D. 以上都不对

80. 关于焊接裂纹，下述说法中正确的是（　　）。

A. 焊缝上的弧坑裂纹中，电阻焊的熔核裂纹是典型的焊接热裂纹

B. 在熔合区，甚至在热影响区都可能出现热裂纹

C. 冷裂纹可能出现在焊件的任何应力集中部位，焊缝、熔合区、热影响区及母材的其他区域

D. 以上都对

81. 对于大型焊接件或焊接结构的焊缝，较合适的现场渗透检测方法是（　　）。

A. Ⅰ型 B 法，后乳化型荧光　　B. Ⅱ型 C 法，溶剂去除型着色

C. Ⅰ型 D 法，后乳化型荧光　　D. Ⅱ型 A 法，水洗型着色

82. 待检的焊缝区域应当（　　）。

A. 没有氧化皮、焊接飞溅、加工刀痕、油脂、污物、涂层等

B. 被施以清理、打磨等改善焊缝表面状态的措施，不得产生影响渗透检测灵敏度的后果

C. 被机械打磨（必要时）

D. 以上都是

83. 渗透检测人员对焊接件进行渗透检测时应依据（　　）进行合格与否的评定。

A. 相关通用验收标准　　B. 3 级人员定的标准
C. 工艺规范　　D. 经验
84. 在焊接件中，可能发现的缺陷有（　　）。
A. 折叠　　B. 未熔合　　C. 渗漏　　D. 缩管
85. 弧坑裂纹通常出现在（　　）。
A. 焊缝根部　　B. 焊缝内部
C. 焊缝起弧或收弧处　　D. 焊缝热影响区
86. 锻件中常见的缺陷有（　　）。
A. 折叠　　B. 气孔　　C. 咬边　　D. 冷隔
87. 锻件中常出现折叠缺陷，下列关于折叠的叙述中不正确的是（　　）。
A. 折叠出现在锻件的表面，是一重叠式的斜入缝隙，以小角度进入工件表面，不紧密
B. 折叠的渗透显示常呈现圆形
C. 折叠的形成原因是锻造时改变尺寸操作不当、模具不合理、材料填充过度等
D. 折叠是扩展型缺陷，其危害程度取决于其长度和深度
88. 下列关于白点的描述中不正确的是（　　）。
A. 白点也称为发裂
B. 白点出现在合金钢的锻件或热轧材料中
C. 材料在热加工后由于冷却工艺不当，氢的析出导致材料内部形成小的开裂面
D. 白点一般危害不大，检测时无须关注
89. 交检的毛坯锻件，对其待检表面的要求是（　　）。
A. 应当无氧化皮、结疤及其他妨碍渗透检测的多余物
B. 交检的机加工锻件应当无毛刺、金属屑、锈斑、油脂和污物等
C. 对于精加工，要求严格的铝、镁、钛、奥氏体不锈钢等软金属锻件，还需进行适当的浸蚀处理，以去除机加工过程中产生的封堵缺陷的金属毛刺和金属屑
D. 以上都是
90. 铝锻件上边缘清晰的新月型的渗透显示可能是（　　）。
A. 折叠　　B. 气孔　　D. 虚假显示　　C. 热裂纹
91. 渗透检测单位通常使用（　　）来检验渗透检测材料的好坏。
A. 化学分析法　　B. 比较法　　C. 滴定法　　D. 物理试验法
92. 新购荧光渗透液入厂检验时测定其荧光照度为 800 lx，在使用一段时间后，测其荧光照度为 300 lx，该荧光渗透液是否可以继续使用？（　　）
A. 可以　　B. 不可以，必须更换
C. 可以重新激发荧光照度后继续使用　　D. 无所谓
93. 荧光渗透液的荧光照度应（　　）进行一次
A. 每天　　B. 每周　　C. 每月　　D. 每季度
94. 荧光渗透检测所使用的黑光灯，其黑光强度校验应在何时进行？（　　）
A. 每 8 h　　B. 工作区域改变时
C. 更换黑光灯泡时　　D. 以上情况都应进行校验

95. 下列关于渗透检测 1 级人员的叙述，不正确的是（　　）。

A. 可以独立操作，并对产品做出验收/拒收决定

B. 可在 PT－2 级人员的指导下进行操作

C. 可在 PT－3 级人员的指导下进行操作

D. 可对设备进行调整、设定

96. 下述不属于渗透检测 3 级人员职责的是（　　）。

A. 对渗透检测 1 级和 2 级人员进行培训

B. 负责编制并审校渗透检测工艺技术文件

C. 对产品进行检测，选定检测方法及灵敏度等级

D. 对单位的无损检测人员资格鉴定与认证进行管理

97. 关于渗透检测所使用的试块，以下说法中不正确的是（　　）。

A. 试块需要经常做对比检查和定期校验

B. 人工缺陷堵塞、灵敏度下降的试块应当修复

C. 试块可用于渗透检测所有生产线，而无须分别使用

D. 不能修复的或人工缺陷扩大的试块应报废，更新试块

98. 关于渗透检测材料的要求，以下说法中不正确的是（　　）。

A. 新材料投入使用之前，应由主管工程技术部门批准

B. 在任何时间，使用单位都有权对采购的材料及批量生产的检测报告中的任何检测项目进行抽查复验

C. 使用单位在入厂复验时若发现渗透检测材料不符合标准要求，可以向生产厂家退货

D. 渗透检测材料生产厂家可自行对所生产的材料进行鉴定试验然后出售

99. 关于渗透检测材料的质量控制，以下说法中正确的是（　　）。

A. 应进行定型检测和鉴定

B. 应进行批量生产检测和鉴定

C. 应在使用中按规定的周期进行检查和校验

D. 以上都对

100. 在用试块对渗透检测系统进行系统性能试验发现不合格情况时，应如何处理？（　　）

A. 在采取必要改进措施之前，不合格的渗透检测系统不得继续使用

B. 与显示不合格结果的试块同时处理的所有工件都应彻底清洗

C. 找出不合格原因并进行纠正后，方可开始检测工件

D. 以上都对

101. 荧光渗透液所显示的下列哪种特征，可用于评定其缺陷的类型和形成原因？（　　）

A. 显示的亮度和特性　　B. 显示的尺寸和形状

C. 显示所处位置　　D. 上述各种特征

102. 进行荧光渗透检测时，显示呈现为（　　）。

A. 灰色本底上的微弱白光　　B. 白色本底上的明亮黄绿光

C. 深紫蓝色本底上的明亮黄绿光　　D. 黑色本底上的明亮黄绿光

103. 渗透液污染造成虚假显示的主要原因是（　　）。

A. 工作台上有渗透液

B. 操作人员手上有渗透液

C. 干的或湿的显像剂被渗透液污染

D. 以上都是

104. 下列哪种显示不是非相关显示？（　　）

A. 压配合引起的渗透显示

B. 在铸件上观察到的密集点状显示

C. 毛刺引起的渗透显示

D. 由小盲孔中渗出的渗透液产生的流痕显示

105. 在渗透检测过程中，检测人员最容易受到伤害的部位是（　　）。

A. 皮肤　　B. 头发　　C. 鼻孔　　D. 脚

106. 下列渗透检测的防护措施中，不适当的是（　　）。

A. 保持工作场地清洁

B. 用肥皂和水尽快清洗掉粘在皮肤上的渗透剂

C. 不要把渗透液溅在衣服上

D. 用丙酮或乙醚清洗皮肤上的渗透液

107. 有毒化学药品对人体危害的途径主要是（　　）。

A. 经呼吸道进入人体　　B. 经消化道进入人体

C. 经皮肤进入人体　　D. 以上都是

108. 溶剂去除型渗透液的存放应避免（　　）。

A. 太阳直射　　B. 高温　　C. 接近火源　　D. 以上都是

109. 关于便携式压力喷罐装置使用中的注意事项，正确的是（　　）。

A. 喷罐不应接近火源

B. 遗弃空罐时应先破坏其密封后方可遗弃

C. 喷嘴应与工件表面有一定距离，喷射方向与工件表面有一定倾斜角度

D. 以上都对

110. 关于渗透检测中的安全措施，不正确的是（　　）。

A. 由于油或溶剂刺激皮肤，所以应避免渗透液与皮肤长时间接触

B. 在任何时候都必须戴防毒面具、穿防护衣

C. 应避免吸入过多的显像粉末

D. 由于着色渗透检测所使用的溶剂是易燃的，所以这种材料应远离明火

111. 在渗透检测操作过程中，以下哪些做法是不可取的？（　　）

A. 环境温度低而影响喷罐的正常使用时，可将其放到电炉上加热

B. 用完的喷罐应该在底部开个洞，释放内部物质后再予以丢弃

C. 在有些情况下，可以对工件采取轻微的敲击、振动等措施，以促使渗透液的充分渗入

D. 在进行渗透检测时应保持被检工件上的渗透液始终保持湿润

112. 下列关于渗透检测材料废液处理的说法中不正确的是（　　）。
A. 应经过废水处理达到国家环保部门允许的排放标准后排放
B. 可经过废水处理后循环再用于渗透检测
C. 经处理后分离出来的絮凝或固体污物可自行填埋或焚化
D. 以上都不对

113. 眼睛不能直对黑光灯看的原因是（　　）。
A. 这样会引起眼睛的永久损伤
B. 短时间看黑光会使视力下降
C. 这样会引起暂时性失明
D. 以上都对

114. 渗透检测人员长时间接触渗透液可能会引起皮肤过敏，其原因是（　　）。
A. 渗透液中含有有毒物质
B. 渗透液中含有油性刺激物质
C. 渗透液中含有麻醉物质
D. 渗透液中含有碱性物质

115. 在使用黑光灯时若发现滤光片有破裂，则（　　）。
A. 不得再使用，应更换滤光片
B. 将电源切断，10 min 后即可再使用
C. 可以继续使用，不会影响黑光光照强度
D. 用透明胶带粘住破裂部分即可继续使用

附录 2

国家军用标准 GJB 2367A－2005 解读(荧光工艺实践执行标准)

1 范围

本标准规定了渗透检验的分类、一般要求、检验程序和质量控制要求。

本标准适用于非多孔性金属和非金属零件（半成品、成品和使用过的零件）表面开口不连续性的检验。

2 规范性引用文件

下列文件中的条款通过本标准的引用而成为本标准的条款。凡是注日期的引用文件，其随后所有的修改单（不包含勘误的内容）或修订版均不适用于本标准。然而，鼓励根据本标准达成协议的各方研究是否可使用这些文件的最新版本。凡是不注日期的引用文件，其最新版本适用于本标准。

GB/T 260　石油产品水分测定法

GB/T 12604. 3　无损检测术语 渗透检测

GJB 9712　无损检测人员的资格鉴定与认证

HB 7681　渗透检验用材料

JB/T 9213　渗透探伤用 A 型灵敏度对比试块

JB/T 6064　渗透探伤用镀铬试块技术条件

3 定义

GB/T 12604. 3 确立的术语适用于本标准。

4 分类

4. 1 概述

渗透检验的方法按所用渗透剂、显像剂和去除剂等材料的类别进行分类。

4. 2 渗透剂系统的类别、去除方法和灵敏度等级

4. 2. 1 类别

Ⅰ类 - 荧光渗透剂；

Ⅱ类 - 着色渗透剂。

4. 2. 2 去除方法

A 法 - 水洗去除法；

B 法 - 亲油性后乳化去除法；

C 法 - 溶剂去除法；

D 法 - 亲水性后乳化去除法。

4. 2. 3 灵敏度等级

4. 2. 3. 1　荧光渗透剂灵敏度等级

1/2 级 - 最低灵敏度；

1 级 - 低灵敏度；

2 级 - 中灵敏度；

3 级 - 高灵敏度；

4 级－超高灵敏度。

4.2.3.2　着色渗透剂灵敏度等级

着色渗透剂的灵敏度不分等级。

4.3　显像剂的类型

a 型－干粉显像剂；

b 型－水溶性湿显像剂；

c 型－水悬浮性湿显像剂；

d 型－用于Ⅰ类渗透剂的非水湿显像剂；

e 型－用于Ⅱ类渗透剂的非水湿显像剂；

f 型－特殊应用显像剂。

4.4　溶剂去除剂的种类

1 类－含卤溶剂去除剂；

2 类－不含卤溶剂去除剂；

3 类－特殊应用去除剂。

5　一般要求

5.1　检验规定

合同、订单或其他文件规定按本标准进行零件渗透检验时，应同时规定零件的质量验收标准及其适用范围。除特殊规定外，渗透检验不采用抽样检验方式。

5.2　检验人员

渗透检验人员应按 GJB 9712 或有关文件进行技术培训和资格鉴定，取得技术资格等级证书，并从事与其技术资格等级相适应的工作。

5.3　检验场所

5.3.1　生产线

可根据零件的尺寸、形状、生产量、检验要求及采用的渗透检验方法等因素，建立适合的手动、半自动或全自动固定式渗透检验生产线。

5.3.2　厂房

渗透检验厂房应有适应生产线的足够面积和空间。厂房一般为水磨石地面。厂房应有配套的水、电、气、暖、排水、吸尘和通风等设施。压缩空气管路上应安装油水分离器、调压阀和压力表。厂房内温度应不低于 5 ℃。

5.3.3　静电喷涂间

当选用静电喷涂法施加渗透剂等检验材料时，宜建立单独的静电喷涂间。静电喷涂间应采用深色瓷砖墙面，便于排水的倾斜地面及更严格的吸尘和通风设施。

5.3.4　暗室或暗区

用于检查零件的暗室应有黑光灯、白光灯、排风扇和空调设备。暗室应保持整洁，无污染。环境白光照度不超过 20 lx。当荧光渗透检验在现场进行时，应采用遮光罩、帘遮光，其遮光效果应使检查暗区的白光照度不超过 20 lx。

5.3.5　废水处理间

进行渗透检验的单位应有渗透废水处理间（或处理区），应有安装所选废水处理设备的足够面积和条件。

5.4 设备、仪器和标准试块

5.4.1 工艺设备

渗透检验所需的预处理装置、渗透槽、乳化槽、水洗槽、干燥箱、显像装置和喷涂装置等工艺设备的结构和布置应协调，有利于操作和控制，并满足下列要求：

a）渗透槽和乳化槽一般应配备抽液泵；

b）水洗槽应配备水喷枪，用于荧光渗透检验（Ⅰ类）时，水洗槽还应配备黑光灯；

c）干燥箱应具备强制性热空气循环及控温功能，控温范围的上限应不低于70 ℃，控温精度应不低于±5 ℃；

d）湿显像槽应配备搅拌器；干显像槽一般应配备烘干装置；

e）各工位的温度、压力和时间等工艺参数的显示、设置、调节、控制和报警等装置，应与设备自动化程度的要求相匹配。

5.4.2 废水处理设备

应选择专用的渗透检验废水处理设备，其处理能力应适应生产线产生的渗透废水量，其处理质量应满足国家（或地方）有关的水排放标准。

5.4.3 黑光灯

渗透检验所用的黑光灯的波长为320 nm~400 nm，峰值波长为365 nm，距黑光灯滤光片380 mm处的黑光辐射照度应不低于1 000 μW/cm^2。用于自显像工艺的黑光灯，距黑光灯滤光片160 mm处的黑光辐射照度应不低于3 000 μW/cm^2。

5.4.4 光学仪器

5.4.4.1 黑光辐射照度计的波长为320 nm~400 nm，峰值波长为365nm，量程上限一般应不低于3 000 μW/cm^2。

5.4.4.2 白光照度计的量程上限一般应低于2 500 lx。

5.4.4.3 荧光亮度计的波长为430 nm~520 nm，峰值波长为500 nm。

5.4.5 标准试块

5.4.5.1 用于比较两种渗透剂性能的A型标准试块（铝合金淬火裂纹试块），其规格应符合JB/T 9213的规定。

5.4.5.2 用于检查渗透处理操作的正确性和定性地检查渗透系统的灵敏度等级的B型标准试块（不锈钢镀铬试块），其规格应符合JB/T 6064的规定。

5.4.5.3 用于定量地鉴别渗透剂的性能和灵敏度等级的C型标准试块（黄铜镀镍铬试块），其规格应符合JB/T 6064的规定。

5.4.5.4 同一试块只允许用于荧光渗透检验（Ⅰ类），或用于着色渗透检验（Ⅱ类），而不允许混合使用。

5.4.5.5 标准试块使用后，应按其使用说明书的规定进行清洗和保存。通常是将试块彻底清洗之后，浸于密封容器内的丙酮与无水乙醇混合液中存放，混合液按体积比1∶1配制。当发现试块上的人工缺陷堵塞、灵敏度下降时，应及时修复或更换。

5.5 检验用材料

5.5.1 材料

渗透检验所用的渗透剂、乳化剂、去除剂、显像剂、预处理剂和后处理剂等材料应经鉴定认可，均为合格产品。当材料的配制成分或配制工艺改变时，应重新进行鉴定。材料的鉴定或重新鉴定项目、性能要求及试验方法应符合 HB 7681 的规定。

5.5.2 材料的复验

渗透检验所用的材料应进行复验，合格后方可投入使用。渗透材料的复验项目一般包括：渗透剂的腐蚀性、荧光亮度、可去除性，闪点、粘度、含水量和灵敏度；干粉显像剂的荧光性；非水湿显像剂和水悬浮性显像剂的再悬浮沉淀性。各项性能要求和试验方法应符合 HB 7681 的规定。复验合格的材料应至少抽取 1kg 保存，作为标准样品，以备校验在用渗透材料时使用。

5.5.3 液氧相容性

用于检验表面被液氧润湿零件的渗透材料，应为经试验证明过与液氧相容的产品。

5.6 检验工艺文件

应编写通用的渗透检验工艺规程，详细规定预处理、渗透、去除、干燥、显像、检验、评定、标志和后处理等方面的工艺参数、技术要求和质量控制要求。凡要求进行渗透检验的每种（或每类）零件，均应根据其材料、状态、批量、尺寸、形状、检验部位、检验灵敏度要求及预定使用环境等因素，选择合理的检验方法和材料，编写专用的检验工艺卡。应按工艺规程和工艺卡进行渗透检验。渗透检验工艺规程和工艺卡应由Ⅱ级或Ⅱ级以上渗透检验人员编写，经Ⅲ级渗透检验人员审核或批准。工艺卡一般应包括下列内容：

a）零件的图号、名称、材料和状态；

b）预处理方法（如果该工序由其它单位承担实施，则其工艺文件也应参考本工艺卡制定）；

c）渗透剂、乳化剂（或去除剂）、显像剂等材料的类型和牌号；

d）各个步骤的实施方法及采用的温度、压力、时间等工艺参数；

e）检验部位（一般用示意图表示）；

f）验收标准；

g）后处理方法；

h）标志部位和方法。

5.7 材料和工艺的选择

5.7.1 材料和工艺的选择原则

在选择渗透检验的灵敏度等级、使用材料、工艺方法时应遵循下列原则：

a）着色渗透检验，不宜采用干粉显像剂（a 型）和水溶性显像剂（b 型）；

b）航空、航天产品零件的成品验收，不宜采用着色渗透检验（Ⅱ类）；

c）零件的同一表面，荧光渗透检验（Ⅰ类）之前不允许先进行着色渗透检验（Ⅱ类）；

d）涡轮发动机的维修检验，仅允许采用 3 级或 4 级灵敏度荧光渗透检验，宜采用溶剂去除性荧光渗透检验（Ⅰ类，C法）或亲水性后乳化荧光渗透检验（Ⅰ类，D法）；

e）当自显像渗透剂系统能满足检验灵敏度要求，且工艺得到主管部门批准时，可以不使用显像剂显像。但任何使用过的零件进行渗透检验时，都应使用显像剂显像；

f）不允许使用灵敏度较低的渗透剂代替灵敏度较高的渗透剂；

g）塑料件，橡胶件，镍、钛合金零件及预定使用环境特殊的零件（如液氧储箱）进行渗透检验时，应注意零件与检验用材料的相容性，必要时，检验前应进行试验；

h）对于热塑性材料制造的零件，渗透检验时应注意高温的运用。

5.7.2 材料和工艺的优先选择

在满足检验灵敏度和5.7.1要求的情况下，应优先选择对检验人员、零件和环境无损害或损害较小的渗透检验材料与渗透检验工艺方法。应优先选择易于生物降解的材料。应优先选择水基渗透剂；当不能选择水基渗透剂时，应优先选择水洗型渗透剂；当不能选择水基、水洗型渗透剂时，应优先选择亲水性后乳化渗透剂。

5.8 工序安排

5.8.1 渗透检测工序一般应安排在焊接、热处理、校形、磨削、机械加工等工序完成之后，吹砂、喷丸、抛光、阳极化、涂层和电镀等工序进行之前。

5.8.2 铸件、焊接件和热处理件，渗透检验之前允许采用吹砂的方法去除表面氧化皮。但吹砂后的关键件，一般先进行浸蚀，然后再进行渗透检验。

5.8.3 机械加工后的铝、镁、钛合金和奥氏体不锈钢关键件，一般先进行酸浸蚀或碱浸蚀，然后再进行渗透检验。

5.8.4 使用中的零件，应去除表面的积炭、氧化层和涂层（阳极化保护层可不去除）之后再进行渗透检验。

5.8.5 制造过程中要进行浸蚀检验的零件，渗透检验应紧接浸蚀检验工序之后。

5.9 安全防护

5.9.1 渗透检验的场所和渗透材料贮存场所应避免高温，严禁烟火，并有良好的通风条件。

5.9.2 渗透检验所用的各种材料应按其生产厂家推荐的方法使用。

5.9.3 渗透检验人员应穿着工作服、工作鞋，戴耐油防护手套，暗室工作时还应戴防紫外线眼镜（非有色或变色眼镜）。

6 被检件

零件的待检表面应清洁、干燥。妨碍渗透剂进入零件的不连续性内，影响染料性能或产生不良本底的表面附着物，如油污、油脂、涂层、腐蚀产物、氧化物、金属污物、焊接剂、化学残留物等均应去除。

7 检验程序

7.1 预处理

7.1.1 应根据零件的材料、预期功能、加工方法和表面附着物的种类等因素，选用合理有效的预处理方法。常用的处理方法有：

a）溶剂清洗：适用于去除油污、油脂、蜡等污物；

b）化学清洗：适用于去除涂层、氧化皮、积炭层和其他溶剂清洗法不能去除的附着物；

c）机械清理：用于去除溶剂、化学清洗法都不能去除的表面附着物；

d）浸蚀：使用过的零件，因加工、预处理使表面状态降低渗透效果的零件，均应进行浸蚀。应正确制定和严格控制浸蚀工艺，防止损伤零件。高精度的配合孔、面不应进行浸蚀处理。

7.1.2 局部进行渗透的零件，预处理的范围一般从检验区域向周围扩展25 mm左右。

7.1.3 预处理后的零件应充分干燥。采用碱洗、酸洗或浸蚀工艺时，零件中和处理之后，应充分水洗和干燥。易产生氢脆的零件，酸洗和酸浸蚀之后应进行除氢处理。

7.2 渗透处理

7.2.1 可选用浸涂、喷涂、刷涂和流涂的方法施加渗透剂。应根据零件尺寸、形状、批量和所用渗透剂的特点，选用合适的渗透剂施加方法。

7.2.2 零件受检表面应被渗透剂覆盖，在渗透时间内一直保持湿润状态。不允许接触渗透剂的零件表面，应预先保护好。

7.2.3 零件、渗透剂和环境的温度都应控制在5 ℃~50 ℃范围内。温度在不高于10 ℃范围内时，渗透时间不少于20 min；温度在高于10 ℃时，渗透时间一般不少于10 min。必要时，可翻转零件，防止渗透剂集聚。采用浸涂方法施加渗透剂时，零件浸没在渗透剂中的时间不大于总渗透时间的一半。渗透处理后，如果零件在空气中停顿时间大于120 min时，则应重新施加渗透剂，避免渗透剂干结在零件表面上。

7.3 去除处理

7.3.1 概述

渗透处理结束后，应根据渗透剂的类型，采用相应的方法去除零件表面多余的渗透剂。主要方法有：水洗去除法（A法）；亲油性后乳化去除法（B法）；溶剂去除法（C法）；亲水性后乳化去除法（D法）。

7.3.2 水洗去除法（A法）

7.3.2.1 概述

对于水洗型渗透剂，渗透结束后，直接水洗去除零件表面多余的渗透剂。可选用手工喷水洗、自动喷水洗和手工擦洗的方法进行水洗。对于1级、2级灵敏度的渗透剂，也可采用空气搅拌水浸洗的方法进行水洗。

水洗零件应在适当的黑光（对Ⅰ类）或白光（对Ⅱ类）照度下进行检查，尽量缩短水洗时间，以零件表面形成合适的本底为宜，避免过洗，过去除。过洗、过去除的标志是零件的所有表面上完全没有残存的渗透剂。过洗、过去除的零件，应从预处理开始，按工艺规定重新处理。

7.3.2.2 手工水喷洗

水温应在10 ℃~40 ℃范围内，水压不大于0.27 MPa，喷枪嘴与零件的间距不小于300 mm。采用气－水混合喷枪进行手工水喷洗时，空气的压力应不大于0.17 MPa。

零件水洗后，通过移动或翻动使其表面上的水滴干净，然后用吸水的材料吸干，或者用清洁干燥的压缩空气吹干，空气的压力应不大于0.17 MPa。

7.3.2.3　自动水喷洗

自动喷水清洗系统的水洗参数应满足7.3.2.2的要求。

7.3.2.4　手工水擦洗

首先用清洁而不起毛的擦拭物（棉织品、纸等）擦去大部分多余的渗透剂，然后用被水润湿的无污染的擦拭物（水不能饱和）擦去残留的渗透剂。最后用清洁而干燥的擦拭物将零件表面擦干，或者自然晾干。

7.3.2.5　搅拌水浸洗

用压缩空气搅拌水浸洗，使其始终保持良好循环，水温应在10 ℃~40 ℃范围内。

7.3.3　亲油性后乳化去除法（B法）

7.3.3.1　概述

对于亲油性后乳化型渗透剂，渗透结束后，应首先进行乳化，然后进行水洗，去除零件表面渗透剂与乳化剂的混合物。

7.3.3.2　乳化

可选用浸涂或流涂的方法施加亲油性乳化剂，不宜采用喷涂或刷涂的施加方法。在施加乳化剂的过程中，不应翻动零件或搅动零件表面上的乳化剂。荧光渗透检验（Ⅰ类）的乳化时间一般不大于3 min。着色渗透检验（Ⅱ类）的乳化时间一般不大于0.5 min。也可采用材料生产厂家推荐的乳化时间。

7.3.3.3　水洗

零件乳化结束后，应立即浸入水中，或者采用喷水的方法停止乳化。然后采用空气搅拌水浸洗，喷枪喷水洗，或气－水混合喷枪喷水洗的方法，去除零件表面的渗透剂和乳化剂混合物。水的压力、温度及空气压力应符合7.3.2的规定。背景过量的零件应补充乳化、水洗。过乳化、过去除的零件，应从预处理开始，按工艺规定重新处理。

7.3.4　溶剂去除法（C法）

7.3.4.1　对于溶剂去除型渗透剂，渗透结束后，应使用配套的溶剂去除剂擦拭，去除零件表面多余的渗透剂。

7.3.4.2　用清洁而不起毛的擦拭物（棉织品、纸等）擦去多余的渗透剂。然后，用被去除剂润湿的擦拭物擦去残留的渗透剂。使用的擦拭物不能被去除剂饱和浸透，更不允许采用浸涂、喷涂或刷涂方法施加溶剂去除剂。最后，将零件表面用清洁而干燥的擦拭物擦净、吸干，或者靠自然挥发晾干。

7.3.4.3　渗透剂去除过量的零件，应从预处理开始，按工艺规定重新处理。

7.3.5　亲水性后乳化去除法（D法）

7.3.5.1　概述

对于亲水性后乳化型渗透剂，渗透结束后，应首先进行预水洗，去除零件表面大部分多余渗透剂。然后进行乳化，最后通过终水洗去除残留的渗透剂和乳化剂混合物。

7.3.5.2　预水洗

预水洗应按7.3.2的规定进行。

7.3.5.3　乳化

可选用浸涂、流涂或喷涂等方式施加亲水性乳化剂。乳化时间应尽量短，以能充分乳化渗透剂为宜，一般不超过 2 min。乳化剂的使用浓度应符合生产厂家推荐值。采用浸涂法施加时，乳化剂的浓度一般不超过 35%（体积百分比）；采用喷涂法施加时，乳化剂的浓度一般不超过 5%（体积百分比）。

7.3.5.4　终水洗

终水洗应按 7.3.2 的规定进行。过量的本底应通过补充施加乳化剂和进一步清洗的方法，达到满意的结果。过乳化、过去除的零件，应从预处理开始，按工艺规定重新处理。

7.4　干燥处理

7.4.1　干燥工序

施加干粉显像剂（a 型）和非水湿显像剂（d、e 型）之前，零件应进行干燥；施加水溶性湿显像剂（b 型）和水悬浮性湿显像剂（c 型）之后，零件应进行干燥；采用自显像工艺时，目视检查之前，零件应进行干燥。

7.4.2　干燥方法

7.4.2.1　概述

可选用的零件干燥方法为：用控温的热空气循环式干燥箱将零件烘干；用热风或冷风将零件直接吹干；在室温下将零件自然晾干等。溶剂去除法处理的零件宜选用自然晾干的方法，其它零件的干燥均应优先选用干燥箱烘干的方法。

7.4.2.2　干燥箱烘干法

采用干燥箱烘干零件时，干燥箱温度应不超过 70 ℃。零件入箱前，应通过滴落、吸附或吹风的方法去除表面的积水或积液。干燥时间不宜过长，以零件表面刚干燥为宜。

7.4.2.3　热风或冷风吹干法

无论用热风或冷风直接吹干零件，还是用压缩空气吹去零件表面的积水或积液，空气均应干燥、清洁，压力不大于 0.17 MPa，气口与零件表面的间距均应不小于 300 mm。

7.5　显像处理

7.5.1　干粉显像

可选用喷粉箱喷粉、静电喷粉、手工撒粉或埋粉等方法将干粉显像剂施加到干燥的零件表面上。显像剂涂层应薄而均匀。过多的显像剂，可用压缩空气轻轻吹拂的方法去除，也可用轻抖、轻敲零件的方法去除。

干粉显像时间 10 min～240 min。

干粉显像剂不适用于着色渗透检验（Ⅱ类）。

7.5.2　非水湿显像

7.5.2.1　非水湿显像剂宜采用喷涂的方法施加。施加之前，零件应先进行干燥。施加过程中，应不断地搅动桶（或罐）中的显像剂。

7.5.2.2　对于荧光渗透检验（Ⅰ类），显像剂应薄而均匀地覆盖零件的待检表面。显像剂过厚的零件，应从预处理开始，按工艺规定重新处理。

7.5.2.3 对于着色渗透检验（Ⅱ类），显像剂应在零件的待检表面上形成薄而均匀的白色涂层，为显示提供适当的色彩对比背景。

7.5.2.4 施加非水湿显像剂后，零件应在室温下自然晾干。显像时间为10 min～60 min（从显像剂干燥后开始计算）。

7.5.3 水溶性和水悬浮性湿显像

7.5.3.1 可选用喷涂、流涂或浸涂等方法将水溶性或水悬浮性湿显像剂直接施加到清洗干净的零件表面上。施加到零件表面上的显像剂，不允许搅动，应完全覆盖零件的待检表面。显像剂的浓度应适当，不应成稠糊状。

7.5.3.2 施加水溶性或水悬浮性湿显像剂的零件，应按7.4规定的工艺，在干燥箱中烘干，或者在室温下自然晾干。显像时间为10 min～120 min（从显像剂干燥后开始计算）。

7.5.3.3 水溶性湿显像剂，不适用于着色渗透检验（Ⅱ类）和水洗型荧光渗透检验（Ⅰ类，A法）；水悬浮性湿显像剂，则适用于荧光、着色两种渗透检验。

7.5.4 自显像

自显像工艺需主管部门认可。自显像时间为10 min～120 min（从零件表面干燥后开始计算）。

7.5.5 其他

无论采用哪种显像工艺，均应在规定的显像时间内检查完所有的零件。未检查完的零件，应从预处理开始，按工艺规定重新处理。

7.6 检验

7.6.1 观察要求

荧光渗透检验（Ⅰ类）时，黑光灯在零件待检表面上的辐射照度应不低于1 000 μW/cm²（采用自显像工艺时，应不低于3 000 μW/cm²）；环境白光照度应不大于20 lx；检验人员应有不少于1 min的暗适应时间，并戴防紫外线眼镜。

着色渗透检验（Ⅱ类）时，零件待检表面上的白光照度应不低于1 000 lx。

7.6.2 解释

对观察到的所有显示，均应给出解释。对有疑问，不能给出明确解释的显示，可用被溶剂（丙酮或乙醇）润湿的毛笔、毛刷等拭去显示，使区域干燥，重新显像。非水湿显像时间不少于3 min，其他显像与原显像时间一样。如果显示不再出现，则原来的显示被认为是假显示。对于任一原始显示，这种处理仅允许进行1～2次。也可借助于放大镜等工具直接观察，帮助解释。必要时，可从预处理开始，重新处理、观察和解释。

7.6.3 评定

7.6.3.1 对于有相关显示的零件，应借助于显示比较尺等工具，对显示的尺寸和分布进行测量、统计，按验收标准进行评定、验收或拒收。相关显示的分类和评级一般应按供需双方协议采用的评级标准进行。无协议评级标准时，可参照附录A进行。

7.6.3.2 对于无显示，或仅有假显示和非相关显示的零件应准予验收。

7.7 后处理

渗透检验后，零件应进行清理，去除对后续工序和零件使用有影响的残留物。一般可采用压缩空气吹拂或水洗的方法去除显像剂和渗透剂残留物。水洗过的零件应立即进行干燥处理。需要重复渗透检验或使用环境特殊的零件，应当用溶剂彻底清洗。

7.8　检验记录

所有渗透检验的结果均应记录。记录应按有关规定存档，供追溯查阅。记录一般包括下列内容：

a）申请（或委托）单位和日期；

b）零件名称、图样号、材料、状态、炉批号和数量；

c）本标准编号、检验工艺卡号和主要工艺参数；

d）显示的记录和处理（显示记录一般以文字或示意图给出，必要时可进行照相或复膜）；

e）验收标准和检验结论；

f）操作和检验人员签名（或盖章）；

g）检验日期。

7.9　标志

7.9.1　标志要求

凡按本标准规定进行渗透检验，符合验收标准的零件，均应有标志。标志部位、方法应不损伤零件或影响其预期功能。标志部位应由图样或设计文件规定。零件上的渗透检验标志，一般应靠近零件号或检验人员代号，应显著而不会被后续工序去掉。

7.9.2　标志方法

可采用压印、蚀刻、涂色或其他方法制作标志。应优先采用压印法。不允许压印时，采用蚀刻法。不允许压印、蚀刻时，采用涂色法。当零件由于其结构、精度或功能原因，不允许采用压印、蚀刻及涂色法时，或者由于后续工序可能会去掉标志时，可采用跟踪记录卡、挂标签及装袋等方法进行标志。

7.9.3　标志符号

当进行百分之百渗透检验时，验收的每个零件应压印或蚀刻字母 P，或者涂褐红色。

当进行抽样渗透检验时，验收批的每个零件应压印或蚀刻椭圆包围 P 字母的符号，或者涂黄色。

7.10　检验报告

检验报告一般包括下列内容：

a）申请（或委托）单位和日期；

b）零件名称、图样号、材料、状态、炉批号和数量；

c）本标准编号和验收标准；

d）检验结论；

e）操作、检验和审核人员签名（或盖章）；

f）报告日期。

8　质量控制

8.1　基本要求

8.1.1　凡用于渗透检验的设备与器材应进行定期检查。检查项目和周期见表1。表1

中规定的检查周期，适用于每日多班操作，工作量饱满的情况。当工作量不足时，可适当延长检查周期，但只允许延长到下次渗透检验工作开始之前。质量控制工作可由本单位的无损检测部门或由独立的合同试验室来完成。

8.1.2　操作者应随时注意观察，当发现材料的性能、颜色、气味、粘度或外观异常时，也应及时进行适当的检查和试验。确定材料质量合格后，方可按本标准继续进行渗透检验。

8.2　设备和仪表

8.2.1　工艺设备每半年要系统地检修一次。烘干箱的温度显示和控制装置每季度应校准一次。

8.2.2　设备的温度、压力和时间等参数的显示与调节装置，应每班检查一次。压力表、温度计和计时器至少每年校准一次。

8.2.3　黑光辐射照度计、白光照度计和荧光亮度计至少应每半年检定一次。

8.2.4　黑光灯应每天检查一次辐射照度。新更换灯泡或滤光片的黑光灯也应检查辐射照度。每天检查一次黑光灯滤光片的完好性和清洁性，发现损坏和弄污时，应及时更换或处理。

8.3　检验区

对于固定的荧光渗透检验（Ⅰ类）系统，暗室每天检查一次，环境白光照度应不大于20 lx，且无荧光污染和反射干扰。对于着色渗透检验（Ⅱ类）系统，检查工作台应每天检查一次，白光照度应不低于1 000 lx。

表1　检查项目和周期

序号	检查项目	周期	要求
1	烘干箱的校准[a]	每季	8.2.1
2	压力表、温度计和计时器的校准	每年	8.2.2
3	水洗压力[b]	每班	8.2.2
4	水洗温度[b]	每班	8.2.2
5	光度计的检定[a]	每半年	8.2.3
6	黑光灯的检查	每天	8.2.4
7	检查区的清洁度[b]	每天	8.3
8	渗透剂的污染	每天	8.4.1
9	水基渗透剂的浓度	每周	8.4.2
10	非水基水洗型（A法）渗透剂的含水量	每月	8.4.2
11	亲油性乳化剂的含水量	每月	8.4.3
12	干粉显像剂的状态	每天	8.4.4
13	水溶性和水悬浮性显像剂的污染	每天	8.4.5

续表

序号	检查项目	周期	要求
14	水溶性和水悬浮性显像剂的浓度	每周	8.4.6
15	亲水性乳化剂的浓度	每周	8.4.7
16	系统的性能	每天	8.5.1
17	荧光渗透剂的荧光亮度[C]	每季	8.5.2.1
18	渗透剂的去除性[C]	每月	8.5.2.2
19	渗透剂的灵敏度[C]	每周	8.5.2.3
20	乳化剂的去除性[C]	每月	8.5.2.4
a. 实际的技术/可靠性数据能证明时，校验周期可以减少或延长。 b. 无需记录。 c. 这些检查可在系统性能检查期间结合完成。			

8.4　使用中的材料

8.4.1　渗透剂的污染

按表 1 规定的周期检查渗透剂，确定下列情况是否明显：沉淀、析蜡、泛白、组元分离、表面起泡或其他污染与离解的迹象。当发现上述任一情况时，渗透剂应报废或按产品说明书进行调整。

8.4.2　水洗型渗透剂的含水量

只有水洗型（A 法）渗透剂需按表 1 规定的周期，用相应的方法检验其含水量。水基水洗型渗透剂的浓度用折射计检查，应符合生产厂家的推荐值。非水基水洗型渗透剂的含水量应按 GB/T 260 进行试验。当渗透剂含水量体积百分比超过 5% 时，则应报废，或者加足够的未用渗透剂，将渗透剂调整到含水量低于 5%。

8.4.3　亲油性乳化剂的含水量

亲油性乳化剂的含水量应按表 1 规定的周期，按 GB/T 260 规定的方法进行检查。当使用过的亲油性乳化剂含水量体积百分比比原乳化剂含水量体积百分比增加 5% 以上时，则应报废，或调整到合适的含量。

8.4.4　干粉显像剂的状态

干粉显像剂的状态应按表 1 规定的周期进行检查，保证松散、不结块。结块的显像剂应更换。对于反复使用的显像剂，每天应检查其荧光污染程度。在黑光灯下的平板上，撒上一层薄薄的显像粉，观察荧光亮点数。在直径 100 mm 圆面积内，亮点多于 10 个时，应更换显像剂。

8.4.5　水溶性和水悬浮性显像剂的污染

按表 1 规定的周期，检查水溶性和水悬浮性显像剂的荧光性和覆盖性。在显像剂中浸涂一块 80 mm × 250 mm 的洁净铝板，取出干燥后，在黑光下观察。显像剂涂层应均匀、全面地覆盖铝板，不允许有荧光。中断均匀润湿或发荧光时，应更换显像剂。

8.4.6　水溶性和水悬浮性显像剂的浓度

按表1规定的周期，用比重计检查水溶性或水悬浮性显像剂的浓度，并应符合供方推荐的浓度值。

8.4.7　亲水性乳化剂的浓度

按表1规定的周期，用折射仪检查亲水性乳化剂溶液的浓度。浓度应与7.3.5.3的要求一致。如果无损检测部门有理由延长检查周期，并经主管部门批准，可以采用更长的周期。

8.5　渗透系统

8.5.1　渗透系统的性能要求

渗透系统的性能应每天检查一次。用在用的渗透系统，按本标准规定的工艺，选用适当的参数，对已知缺陷标准试块进行处理，将检验结果（人工缺陷显示的点数、亮度或颜色深度等）与用未使用过的渗透系统对试块进行处理获得的检验结果相比较，或者与事先用未使用过的渗透系统对试块进行处理获得的检验结果记录（显示照片或其他记录）相比较。一致时，表明系统性能稳定，可进行零件的检验。当比较结果表明在用的渗透系统性能低于未使用过的渗透系统时，则应按8.5.2中相应的条款，对在用材料进行质量检查和处理。

已知缺陷标准试块的选用和维护方法应由主管部门批准。试块上的缺陷应能显示检验系统性能是否符合要求。试块的维护方法应能保证使用中的试块非常洁净，并能保证发现试块不再适用的物理变化。

8.5.2　渗透系统的检查

8.5.2.1　渗透剂的亮度

应按表1规定的周期，采用HB 7681规定的方法，对在用的荧光渗透剂进行荧光亮度检查。其亮度值应处于未使用过的渗透剂标样亮度值90%～110%范围内，否则应更换在用的荧光渗透剂，或将其调整到合适的程度。

8.5.2.2　水洗型渗透剂的去除性

应按表1规定的周期，采用HB 7681规定的方法，对在用的水洗型渗透剂进行去除性检查。去除性不应明显低于未使用过的渗透剂标样，否则应更换渗透剂。

8.5.2.3　渗透剂的灵敏度

应按表1规定的周期，检查在用渗透剂的灵敏度。以使用中的渗透剂与未使用过的去除剂（或乳化剂）和显像剂组成渗透系统，按规定工艺对五点标准试块（B型）进行检验，各种灵敏度等级的渗透剂所显示的人工缺陷点数应不低于表2的规定。

表2　灵敏度等级与显示点数

灵敏度等等级	显示点数
1/2级	I
1级	2

续表

灵敏度等等级	显示点数
2 级	3
3 级	4
4 级	5

8. 5. 2. 4　乳化剂的去除性

应按表 1 规定的周期，检查在用乳化剂的去除性。将在用乳化剂和未使用过的渗透剂组成的系统，与以未使用过的乳化剂和未使用过的渗透剂组成的标准系统相比较。在用乳化剂的去除性不应明显低于标准系统。

附录 A

（资料性附录）

渗透显示的分类和等级

A. 1　渗透显示的分类

渗透显示按其形状和集中程度可分为：

a）线形显示：其长度为宽度的三倍或三倍以上的显示；

b）圆形显示：其长度为宽度的三倍以下的显示；

c）分散形显示：在一定区域内存在多个显示。

A. 2　渗透显示的等级

A. 2. 1　线形和圆形显示的等级，根据其长度按表 A. 1 进行评定。

A. 2. 2　2 500 mm^{2}矩形面积内（矩形最大边长为 150 mm），长度超过 1 mm 的分散形显示的等级，根据其总长度按表 A. 2 进行评定。

A. 2. 3　当两个或两个以上显示大致在一条连线上，且间距小于 2 mm 时，则应视为一个连续的线形显示（长度包括显示长度和间距）。当显示中最短的长度小于 2 mm，而间距又大于显示时，则应视为单独显示。

表 A. 1　线形和圆形显示的等级

等级	显示的长度 mm
1 级	1～2
2 级	≥2～4
3 级	≥4～8
4 级	≥8～16
5 级	≥16～32
6 级	≥32～64
7 级	≥64

表 A. 2　分散形显示的等级

等级	显示的总长度 mm
1 级	2～4
2 级	≥4～8

续表

等级	显示的总长度 mm
3 级	≥8～16
4 级	≥16～32
5 级	≥32～64
6 级	≥64～128
7 级	≥128

附录3

国家能源行业标准

NB/T 47013.5－2015

解读(着色工艺实践执行标准)

1 范围

NB/T 47013的本部分规定了承压设备的液体渗透检测方法和质量分级。

本部分适用于非多孔性金属材料制承压设备在制造、安装及使用中产生的表面开口缺陷的检测。

2 规范性引用文件

下列文件对于本文件的应用是必不可少的。凡是注日期的引用文件，仅注日期的版本适用于本文件。凡是不注日期的引用文件，其最新版本（包括所有的修改单）适用于本文件。

GB 11533 标准对数视力表

GB/T 12604.3 无损检测 术语 渗透检测

JB/T 6064 无损检测 渗透试块通用规范

JB/T 7523 无损检测 渗透检测用材料

NB/T 47013.1 承压设备无损检测 第1部分：通用要求

3 术语和定义

GB/T 12604.3、NB/T 47013.1 界定的以及下列术语和定义适用于本部分。

3.1 相关显示 relevant indication

缺陷中渗出的渗透剂所形成的迹痕显示，一般也叫缺陷显示。

3.2 非相关显示 non－relevant indication

与缺陷无关的外部因素所形成的显示。

3.3 伪显示 false indications

由于渗透剂污染及检测环境等所引起的渗透剂显示。

3.4 评定 assessment

对观察到的渗透相关显示进行分析，确定产生这种显示的原因及其分类过程。

4 一般要求

4.1 检测人员

4.1.1 从事渗透检测的人员应满足NB/T 47013.1的有关规定。

4.1.2 渗透检测人员的未经矫正或经矫正的近（小数）视力和远（距）视力应不低于5.0。测试方法应符合GB 11533的规定，且应一年检查一次，不得有色盲。

4.2 检测设备和器材

4.2.1 渗透检测剂

渗透检测剂包括渗透剂、乳化剂、清洗剂和显像剂。

4.2.1.1 渗透剂的质量应满足下列要求：

a）在每一批新的合格散装渗透剂中应取出500 mL贮藏在玻璃容器中保存起来，作为校验基准；

b）渗透剂应装在密封容器中，放在温度为10 ℃～50 ℃的暗处保存，并应避免阳光照射。各种渗透剂的相对密度应根据制造厂说明书的规定采用相对密度计进行校验，并应保持相对密度不变；

c）散装渗透剂的浓度应根据制造厂说明书规定进行校验。校验方法是将 10 mL 待校验的渗透剂和基准渗透剂分别注入盛有 90 mL 无色煤油或其他惰性溶剂的量筒中，搅拌均匀。然后将两种试剂分别放在比色计纳式试管中进行颜色浓度的比较，如果被校验的渗透剂与基准渗透剂的颜色浓度差超过 20% 时，应为不合格；

d）对正在使用的渗透剂进行外观检验，如发现有明显的混浊或沉淀物、变色或难以清洗，应予以报废；

e）各种渗透剂用试块与基准渗透剂进行性能对比试验，当被检渗透剂显示缺陷的能力低于基准渗透剂时，应予以报废；

f）荧光渗透剂的荧光亮度不得低于基准渗透剂荧光亮度的 75%。试验方法应按 JB/T 7523 中的有关规定执行。

4.2.1.2　显像剂的质量控制应满足下列要求：

a）对干式显像剂应经常进行检查，如发现粉末凝聚、显著的残留荧光或性能低下时，应予以报废；

b）湿式显像剂的浓度应保持在制造厂规定的工作浓度范围内，其比重应经常进行校验；

c）当使用的湿式显像剂出现混浊、变色或难以形成薄而均匀的显像层时，应予以报废。

4.2.1.3　渗透检测剂必须标明生产日期和有效期，并附带产品合格证和使用说明书。

4.2.1.4　对于喷罐式渗透检测剂，其喷罐表面不得有锈蚀，喷罐不得出现泄漏。

4.2.1.5　渗透检测剂必须具有良好的检测性能，对工件无腐蚀，对人体基本无毒害作用。

4.2.1.6　对于镍基合金材料，硫的总含量质量比应少于 200×10^{-6}，一定量渗透检测剂蒸发后残渣中的硫元素含量的质量比不得超过 1%。如有更高要求，可由供需双方另行商定。

4.2.1.7　对于奥氏体钢、钛及钛合金，卤素总含量（氯化物、氟化物）质量比应少于 200×10^{-6}，一定量渗透检测剂蒸发后残渣中的氯、氟元素含量的质量比不得超过 1%。如有更高要求，可由供需双方另行商定。

4.2.1.8　渗透检测剂的氯、硫、氟含量的测定要求

取渗透检测剂试样 100 g，放在直径 150 mm 的表面蒸发皿中沸水浴加热 60 min，进行蒸发。残余物的质量应小于 5 mg。

4.2.1.9　渗透检测剂应根据承压设备的具体情况进行选择。对同一检测工件，一般不应混用不同类型的渗透检测剂。

4.2.2　黑光灯

黑光灯的紫外线波长应在 315 nm～400 nm 的范围内，峰值波长为 365nm。黑光灯的电源电压波动大于 10% 时应安装电源稳压器。

4.2.3　黑光辐照度计

黑光辐照度计用于测量黑光辐照度，其紫外线波长应在 315～400 nm 的范围内，峰值波长为 365 nm。

4.2.4　荧光亮度计

荧光亮度计用于测量渗透剂的荧光亮度，其波长应在 430～600 nm 的范围内，峰值波长为 500～520 nm。

4.2.5　光照度计

光照度计用于测量可见光照度。

4.2.6　试块

4.2.6.1　铝合金试块（A 型对比试块）

铝合金试块尺寸如图 1 所示，试块由同一试块剖开后具有相同大小的两部分组成，并打上相同的序号，分别标以 A、B 记号，A、B 试块上均应具有细密相对称的裂纹图形。铝合金试块的其他要求应符合 JB/T 6064 相关规定。

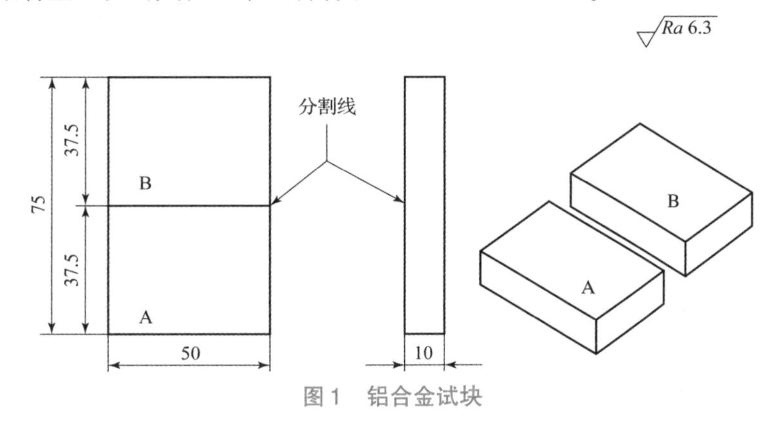

图1　铝合金试块

4.2.6.2　镀铬试块（B 型试块）

将一块材料为 S30408 或其他不锈钢板材加工成尺寸如图 2 所示试块，在试块上单面镀铬，镀铬层厚度不大于 150 μm，表面粗糙度 Ra = 1.2～2.5 μm，在镀铬层背面中央选相距约 25 mm 的 3 个点位，用布氏硬度法在其背面施加不同负荷，在镀铬面形成从大到小、裂纹区长径差别明显、肉眼不易见的 3 个辐射状裂纹区，按大小顺序排列区位号分别为 1、2、3。裂纹尺寸分别见表 1。

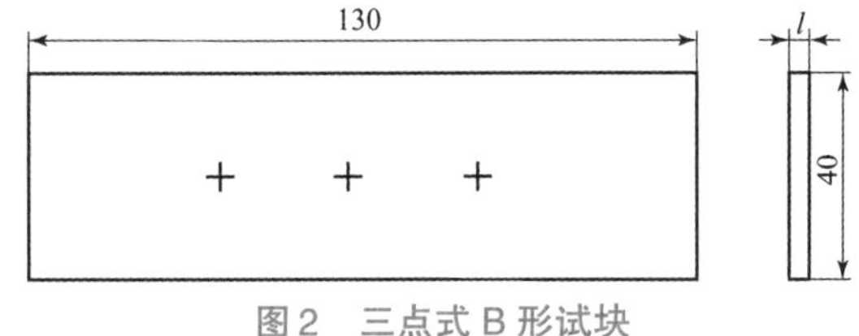

图2　三点式 B 形试块

说明：l－试块厚度 3～4 mm。

4.2.6.3　铝合金试块主要用于以下两种情况：

a）在正常使用情况下，检验渗透检测剂能否满足要求，以及比较两种渗透检测剂性能的优劣；

表1　三点式B形试块表面的裂纹区长径（单位为mm）

裂纹区次序	1	2	3
裂纹区直径	3.7~4.5	2.7~3.5	1.6~2.4

b）对用于非标准温度下的渗透检测方法作出鉴定。

4.2.6.4　镀铬试块主要用于检验渗透检测剂系统灵敏度及操作工艺正确性。

4.2.6.5　着色渗透检测用的试块不能用于荧光渗透检测，反之亦然。

4.2.6.6　发现试块有阻塞或灵敏度有所下降时，应及时修复或更换。

4.2.6.7　试块使用后要用丙酮进行彻底清洗，清除试块上的残留渗透检测剂。清洗后，再将试块放入装有丙酮或者丙酮和无水酒精的混合液体（体积混合比为1：1）密闭容器中浸渍30 min，干燥后保存，或用其他有效方法保存。

4.2.7　暗室或检测现场

暗室或检测现场应有足够的空间，能满足检测的要求，检测现场应保持清洁，荧光检测时暗室或暗处可见光照度应不大于20 lx。

4.3　检测工艺文件

4.3.1　检测工艺文件包括工艺规程和操作指导书。

4.3.2　工艺规程除满足NB/T 47013.1的要求外，还应规定表2中所列相关因素的具体范围或要求；如相关因素的变化超出规定时，应重新编制或修订工艺规程。

表2　工艺规程涉及的相关因素

序号	相关因素
1	被检测工件的类型、规格（形状、尺寸、壁厚和材质）
2	依据的法规、标准
3	检测设备器材以及校准、核查、运行核查或检查的要求
4	检测工艺（渗透方式、去除方式、干燥方法、显像方法和观察方法等）
5	检测技术
6	工艺试验报告
7	缺陷评定与质量分级

4.3.3　应根据工艺规程的内容以及被检工件的检测要求编制操作指导书，其内容除满足NB/T 47013.1的要求外，至少还应包括：

a）渗透检测剂；

b）表面准备；

c）渗透剂施加方法；

d）去除表面多余渗透剂方法；

e）亲水或亲油乳化剂浓度、在浸泡槽内的滞留时间和亲水乳化剂的搅动时间；

f）喷淋操作时的亲水乳化剂浓度；

g）施加显像剂的方法；

h）两步骤间的最长和最短时间周期和干燥手段；

i）最小光强度要求；

j）非标准温度检测时对比试验的要求；

k）人员的要求；

l）被检工件的材料、形状、尺寸和检测的范围；

m）检测后的清洗技术。

4.3.4 操作指导书的工艺验证

4.3.4.1 操作指导书在首次应用前应进行工艺验证。

4.3.4.2 使用新的渗透检测剂、改变或替换渗透检测剂类型或操作规程时，实施检测前应用镀铬试块检验渗透检测剂系统灵敏度及操作工艺正确性。

4.3.4.3 一般情况下每周应用镀铬试块检验渗透检测剂系统灵敏度及操作工艺正确性。检测前、检测过程或检测结束认为必要时应随时检验。

4.3.4.4 在室内固定场所进行检测时，应定期测定检测环境可见光照度和工件表面黑光辐照度。

4.3.4.5 黑光灯、黑光辐照度计、荧光亮度计和光照度计等仪器应按相关规定进行定期校验。

4.4 安全要求

本部分所涉及的渗透材料所需的化学制品，可能是有毒有害、易燃易爆和（或）挥发性的，因此均应注意防护，并应遵循国家、地方颁布的所有有关安全卫生、环保法的规定。渗透检测应在通风良好或开阔的场地进行，当在有限空间进行检测时，应佩戴防护用具。荧光检测使用黑光灯时应防止黑光灯照射眼睛。

4.5 渗透检测方法分类和选用

4.5.1 渗透检测方法分类

根据渗透剂种类、渗透剂的去除方法和显像剂种类的不同，渗透检测方法可按表 3 进行分类。

表 3 渗透检测方法分类

渗透剂		渗透剂的去除		显像剂	
分类	名称	方法	名称	分类	名称
Ⅰ Ⅱ Ⅲ	荧光渗透检测 着色渗透检测 荧光、着色渗透检测	A B C D	水洗型渗透检测 亲油型后乳化渗透检测 溶剂去除型渗透检测 亲水型后乳化渗透检测	a b c d e	干粉显像剂 水溶解显像剂 水悬浮显像剂 溶剂悬浮显像剂 自显像

4.5.2　灵敏度等级

灵敏度等级分类如下：A 级；B 级；C 级。

不同灵敏度等级在镀铬试块上可显示的裂纹区位数应按表 4 的规定。

表 4 灵敏度等级

灵敏度等级	可显示的裂纹区
A 级	1～2
B 级	2～3
C 级	3

4.5.3　渗透检测方法选用

4.5.3.1　渗透检测方法的选用，首先应满足检测缺陷类型和灵敏度的要求。在此基础上，可根据被检工件表面粗糙度、检测批量大小和检测现场的水源、电源等条件来决定。

4.5.3.2　对于表面光洁且检测灵敏度要求高的工件，宜采用后乳化型着色法或后乳化型荧光法，也可采用溶剂去除型荧光法。

4.5.3.3　对于表面粗糙且检测灵敏度要求低的工件宜采用水洗型着色法或水洗型荧光法。

4.5.3.4　对现场无水源、电源的检测宜采用溶剂去除型着色法。

4.5.3.5　对于批量大的工件检测，宜采用水洗型着色法或水洗型荧光法。

4.5.3.6　对于大工件的局部检测，宜采用溶剂去除型着色法或溶剂去除型荧光法。

4.5.3.7　荧光法比着色法有较高的检测灵敏度。

4.6　检测时机

4.6.1　除非另有规定，焊接接头的渗透检测应在焊接完工后或焊接工序完成后进行。对有延迟裂纹倾向的材料，至少应在焊接完成24h 后进行焊接接头的渗透检测。

4.6.2　紧固件和锻件的渗透检测一般应安排在最终热处理之后进行。

5　渗透检测基本程序

5.1　渗透检测操作的基本程序如下：

a）预处理；

b）施加渗透剂；

c）去除多余的渗透剂；

d）干燥处理；

e）施加显像剂；

f）观察及评定；

g）后处理。

5.2 荧光和着色渗透检测工艺程序见附录 A。

6 渗透检测操作方法

6.1 预处理

6.1.1 表面准备

a）工件被检表面不得有影响渗透检测的铁锈、氧化皮、焊接飞溅、铁屑、毛刺以及各种防护层；

b）被检工件机加工表面粗糙度 $Ra \leqslant 25\ \mu m$；被检工件非机加工表面的粗糙度可适当放宽，但不得影响检测结果；

c）局部检测时，准备工作范围应从检测部位四周向外扩展25 mm。

6.1.2 预清洗

检测部位的表面状况在很大程度上影响着渗透检测的检测质量。因此在进行表面清理之后，应进行预清洗，以去除检测表面的污垢。清洗时，可采用溶剂、洗涤剂等进行。清洗范围应不低于 6.1.1 c）的要求。铝、镁、钛合金和奥氏体钢制零件经机械加工的表面，如确有需要，可先进行酸洗或碱洗，然后再进行渗透检测。清洗后，检测面上遗留的溶剂和水分等必须干燥，且应保证在施加渗透剂前不被污染。

6.2 施加渗透剂

6.2.1 渗透剂施加方法

施加方法应根据工件大小、形状、数量和检测部位来选择。所选方法应保证被检部位完全被渗透剂覆盖，并在整个渗透时间内保持润湿状态。具体施加方法如下：

a）喷涂：可用静电喷涂装置、喷罐及低压泵等进行；

b）刷涂：可用刷子、棉纱或布等进行；

c）浇涂：将渗透剂直接浇在工件被检面上；

d）浸涂：把整个工件浸泡在渗透剂中。

6.2.2 渗透时间及温度

在整个检测过程中，渗透检测剂的温度和工件表面温度应该在 5～50 ℃的温度范围，在 10～50 ℃的温度条件下，渗透剂持续时间一般不应少于 10 min；在 5～10 ℃的温度条件下，渗透剂持续时间一般不应少于 20 min 或者按照说明书进行操作。当温度条件不能满足上述条件时，应按附录 B 对操作方法进行鉴定。

6.3 乳化处理

6.3.1 在进行乳化处理前，对被检工件表面所附着的残余渗透剂应尽可能去除。使用亲水型乳化剂时，先用水喷法直接排除大部分多余的渗透剂，再施加乳化剂，待被检工件表面多余的渗透剂充分乳化，然后再用水清洗。使用亲油型乳化剂时，乳化剂不能在工件上搅动，乳化结束后，应立即浸入水中或用水喷洗方法停止乳化，再用水喷洗。

6.3.2 乳化剂可采用浸渍、浇涂和喷洒（亲水型）等方法施加于工件被检表面，不允许采用刷涂法。

6.3.3 对过渡的背景可通过补充乳化的办法予以去除，经过补充乳化后仍未达到一个满意的背景时，应将工件按工艺要求重新处理。出现明显的过清洗时要求将工件清洗并重新处理。

6.3.4 乳化时间取决于乳化剂和渗透剂的性能及被检工件表面粗糙度。一般应按生产厂的使用说明书和试验选取。

6.4 去除多余的渗透剂

6.4.1 在清洗工件被检表面以去除多余的渗透剂时，应注意防止过度去除而使检测质量下降，同时也应注意防止去除不足而造成对缺陷显示识别困难。用荧光渗透剂时，可在紫外灯照射下边观察边去除。

6.4.2 水洗型和后乳化型渗透剂（乳化后）均可用水去除。冲洗时，水射束与被检面的夹角以30°为宜，水温为10～40 ℃，如无特殊规定，冲洗装置喷嘴处的水压应不超过0.34 MPa。在无冲洗装置时，可采用干净不脱毛的抹布醮水依次擦洗。

6.4.3 溶剂去除型渗透剂用清洗剂去除。除特别难清洗的地方外，一般应先用干燥、洁净不脱毛的布依次擦拭，直至大部分多余渗透剂被去除后，再用醮有清洗剂的干净不脱毛布或纸进行擦拭，直至将被检面上多余的渗透剂全部擦净。但应注意，不得往复擦拭，不得用清洗剂直接在被检面上冲洗。

6.5 干燥处理

6.5.1 施加干式显像剂、溶剂悬浮显像剂时，检测面应在施加前进行干燥，施加水湿式显像剂（水溶解、水悬浮显像剂）时，检测面应在施加后进行干燥处理。

6.5.2 采用自显像应在水清洗后进行干燥。

6.5.3 一般可用热风进行干燥或进行自然干燥。干燥时，被检面的温度应不高于50℃。当采用溶剂去除多余渗透剂时，应在室温下自然干燥。

6.5.4 干燥时间通常为5～10 min。

6.6 施加显像剂

6.6.1 使用干式显像剂时，须先经干燥处理，再用适当方法将显像剂均匀地喷洒在整个被检表面上，并保持一段时间。多余的显像剂通过轻敲或轻气流清除方式去除。

6.6.2 使用水湿式显像剂时，在被检面经过清洗处理后，可直接将显像剂喷洒或涂刷到被检面上或将工件浸入到显像剂中，然后再迅速排除多余显像剂，并进行干燥处理。

6.6.3 使用溶剂悬浮显像剂时，在被检面经干燥处理后，将显像剂喷洒或刷涂到被检面上，然后进行自然干燥或用暖风（30～50 ℃）吹干。

6.6.4 采用自显像时，显像时间最10 min，最长2 h。

6.6.5 悬浮式显像剂在使用前应充分搅拌均匀。显像剂施加应薄而均匀。

6.6.6 喷涂显像剂时，喷嘴离被检面距离为300～400 mm，喷涂方向与被检面夹角为30°～40°。

6.6.7 禁止在被检面上倾倒湿式显像剂，以免冲洗掉渗入缺陷内的渗透剂。

6.6.8 显像时间取决于显像剂种类、需要检测的缺陷大小以及被检工件温度等，一般应不小于10 min，且不大于60 min。

6.7 观察

6.7.1 观察显示应在干粉显像剂施加后或者湿式显像剂干燥后开始，在显像时间内连续进行。如显示的大小不发生变化，也可超过上述时间。对于溶剂悬浮显像剂应遵照说明书的要求或试验结果进行操作。当被检工件尺寸较大无法在上述时间内完成检查时，可以采取分段检测的方法；不能进行分段检测时可以适当增加时间，并使用试块进行验证。

6.7.2　着色渗透检测时，缺陷显示的评定应在可见光下进行，通常工件被检面处可见光照度应大于等于1 000 lx；当现场采用便携式设备检测，由于条件所限无法满足时，可见光照度可以适当降低，但不得低于500 lx。

6.7.3　荧光渗透检测时，缺陷显示的评定应在暗室或暗处进行，暗室或暗处可见光照度应不大于20 lx，被检工件表面的辐照度应大于等于1 000 μW/cm^2，自显像时被检工件表面的辐照度应大于等于3 000 μW/cm^2。检测人员进入暗区，至少经过5 min的黑暗适应后，才能进行荧光渗透检测。检测人员不能佩戴对检测结果有影响的眼镜或滤光镜。

6.7.4　辨认细小显示时可用5～10倍放大镜进行观察。必要时应重新进行处理、检测。

6.8　缺陷显示记录

可用下列一种或数种方式记录，同时标示于草图上：

a）照相；

b）录像；

c）可剥性塑料薄膜等。

6.9　复验

6.9.1　当出现下列情况之一时，需进行复验：

a）检测结束时，用试块验证检测灵敏度不符合要求时；

b）发现检测过程中操作方法有误或技术条件改变时；

c）合同各方有争议或认为有必要时；

d）对检测结果怀疑时。

6.9.2　当决定进行复验时，应对被检面进行彻底清洗。

6.10　后清洗

工件检测完毕应进行后清洗，以去除对以后使用或对材料有害的残留物。

7　在用承压设备的渗透检测

对在用承压设备进行渗透检测时，如制造时采用高强度钢以及对裂纹（包括冷裂纹、热裂纹、再热裂纹）敏感的材料；或是长期工作在腐蚀介质环境下，有可能发生应力腐蚀裂纹或疲劳裂纹的场合，应采用C级灵敏度进行检测。

8　检测结果评定和质量分级

8.1　检测结果评定

8.1.1　显示分为相关显示、非相关显示和伪显示。非相关显示和伪显示不必记录和评定。（显示的解释分类）

8.1.2　小于0.5 mm的显示不计，其他任何相关显示均应作为缺陷处理。

8.1.3　长度与宽度之比大于3的相关显示，按线性缺陷处理；长度与宽度之比小于

或等于3的相关显示，按圆形缺陷处理。（相关显示的形貌划分）

8.1.4 相关显示在长轴方向与工件（轴类或管类）轴线或母线的夹角大于或等于30°时，按横向缺陷处理，其他按纵向缺陷处理。

8.1.5 两条或两条以上线性相关显示在同一条直线上且间距不大于2 mm时，按一条缺陷处理，其长度为两条相关显示之和加间距。

8.2 质量分级

8.2.1 不允许任何裂纹。紧固件和轴类零件不允许任何横向缺陷显示。

8.2.2 焊接接头的质量分级按表5进行。

表5 焊接接头的质量分级

（焊接组合的接点叫作焊接接头，包括焊缝、熔合区、热影响区）

等级	线性缺陷	圆形缺陷（评定框尺寸为35 mm×100 mm）
Ⅰ	l≤1.5	d≤2.0，且在评定框内不大于1个
Ⅱ	大于Ⅰ级	
注：l表示线性缺陷显示长度，mm；d表示圆形缺陷显示在任何方向上的最大尺寸，mm。		

8.2.3 其他部件的质量分级评定见表6。

表6 其他部件的质量分级评定

等级	线性缺陷	圆形缺陷（评定框尺寸2 500 mm^{2}其中一条矩形边的最大长度为150 mm）
Ⅰ	不允许	d≤2.0，且在评定框内少于或等于1个
Ⅱ	l≤4.0	d≤4.0，且在评定框内少于或等于2个
Ⅲ	l≤6.0	d≤6.0，且在评定框内少于或等于4个
Ⅳ	大于Ⅲ级	
注：l表示线性缺陷显示长度，mm；d表示圆形缺陷显示在任何方向上的最大尺寸，mm。		

9 检测记录和报告

9.1 应按照现场操作的实际情况详细记录检测过程的有关信息和数据。渗透检测记录除符合NB/T 47013.1的规定外，还至少应包括下列内容：

a）检测设备：渗透检测剂名称和牌号；

b）检测规范：检测灵敏度校验、试块名称，预处理方法、渗透剂施加方法、乳化剂施加方法、去除方法、干燥方法、显像剂施加方法、观察方法和后清洗方法，渗透温度、渗透时间、乳化时间、水压及水温、干燥温度和时间、显像时间；

c）相关显示记录及工件草图（或示意图）；

d）记录人员和复核人员签字。

9.2　应依据检测记录出具检测报告。渗透检测报告除符合 NB/T 47013.1 的规定外，还至少应包括下列内容：

a）委托单位；

b）检测工艺规程版次、编号；

c）检测比例、检测标准名称和质量等级；

d）检测人员和审核人员签字及其资格；

e）报告签发日期。

附录 A

(资料性附录)

荧光和着色渗透检测工艺程序示意图

荧光和着色渗透检测工艺程序见图 A.1。

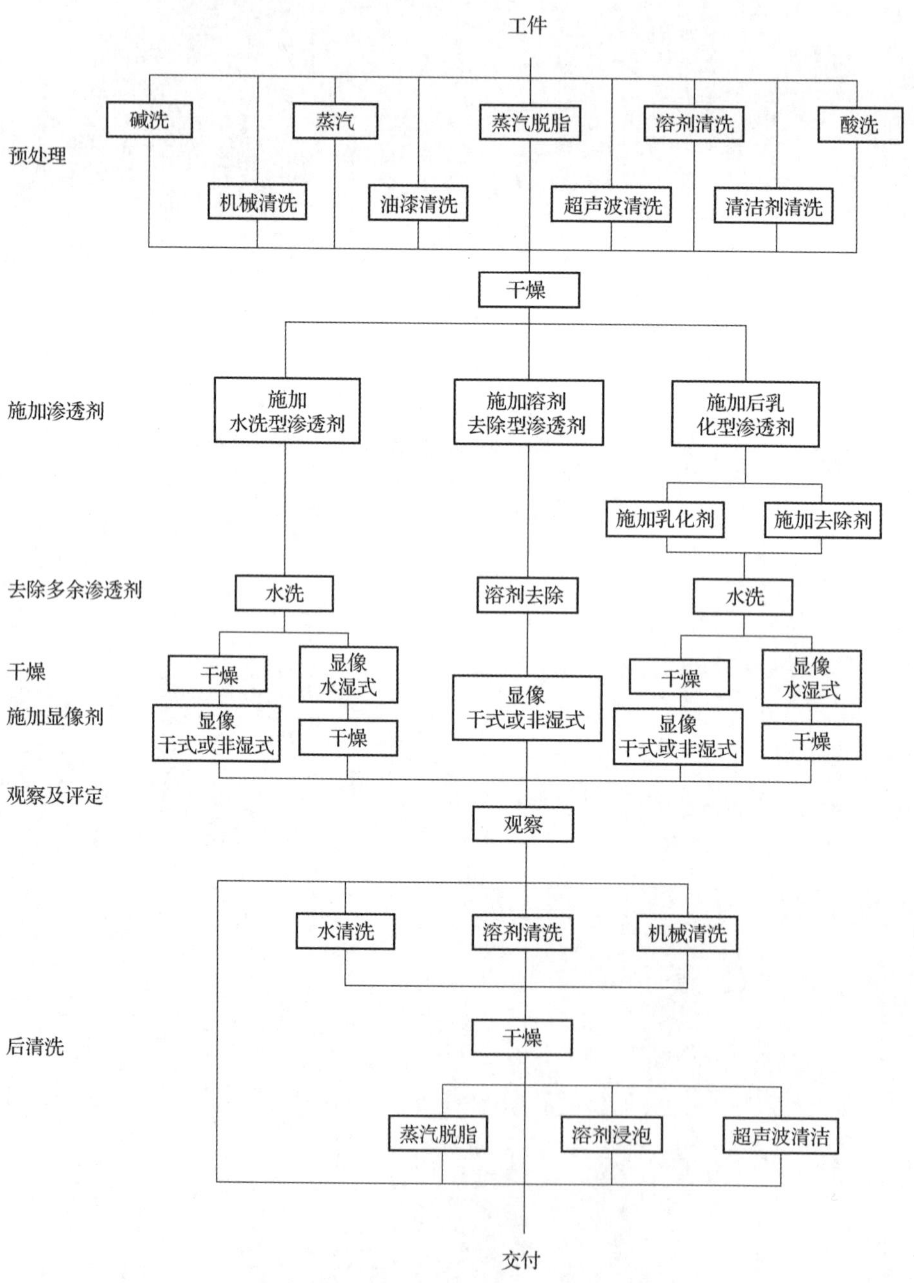

图 A.1 荧光和着色渗透检测工艺程序

附录 B

（规范性附录）

用于非标准温度的检测方法

B.1　概述

当渗透检测不可能在 5 ℃~50 ℃温度范围内进行时，应对检测方法作出鉴定。通常使用铝合金试块进行。

B.2　鉴定方法

B.2.1　温度低于 5 ℃条件下渗透检测方法的鉴定

在试块和所有使用材料都降到预定温度后，将拟采用的低温检测方法用于 B 区。在 A 区用标准方法进行检测，比较 A、B 两区的裂纹显示迹痕。如果显示迹痕基本上相同，则可以认为准备采用的方法经过鉴定是可行的。

B.2.2　温度高于 50 ℃条件下渗透检测方法的鉴定

如果拟采用的检测温度高于 50 ℃，则需将试块 B 加温并在整个检测过程中保持在这一温度，将拟采用的检测方法用于 B 区。在 A 区用标准方法进行检测，比较 A、B 两区的裂纹显示迹痕。如果显示迹痕基本上相同，则可以认为准备采用的方法是经过鉴定可行的。

参 考 文 献

［1］林猷文，任学冬．渗透检测［M］．北京：机械工业出版社，2004.

［2］金信鸿，张小海，高春法．渗透检测［M］．北京：机械工业出版社，2014.

［3］胡学知，肖艳蕾，杨波．渗透检测理论解析与工艺技术的发展［J］．无损检测，2023，45（6）：91－96.

［4］渗透检测五点试块的使用说明［EB/OL］．［2023－09－13］．https://www.sohu.com/a/720276530_121124370.

［5］李秀芬．我国渗透检测技术应用与进展．2014 中国无损检测年度报告，2015.

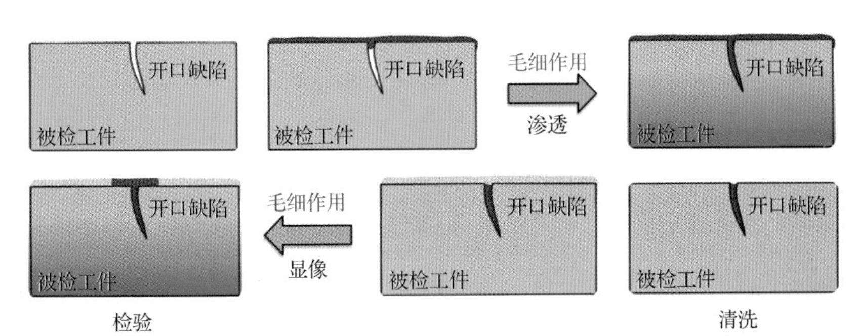

图 1－1　渗透检测原理示意

图 1－2　渗透检测多流程操作

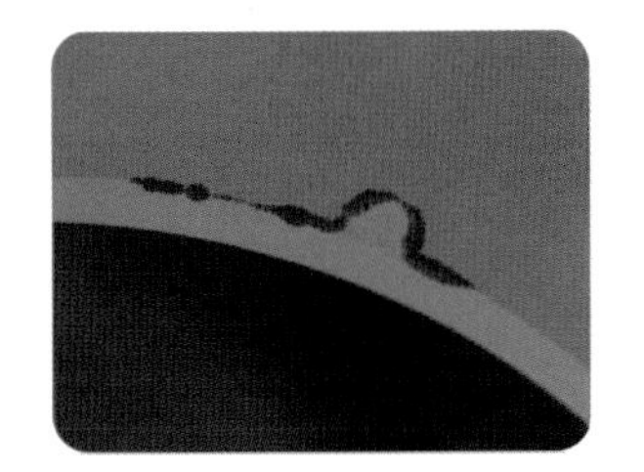

图 1－5　着色渗透检测

图 1－6　荧光渗透检测

图 1－8　着色法

图 1－9　荧光法

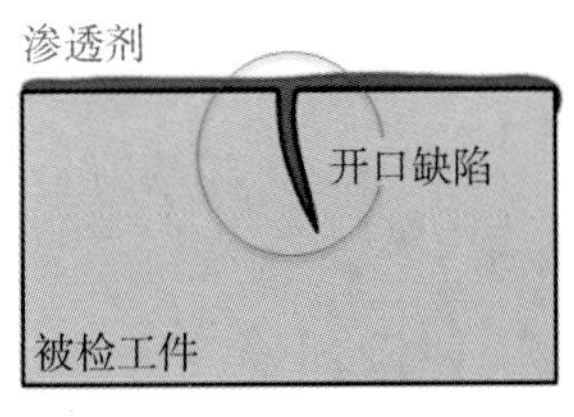

图 2－5　润湿现象

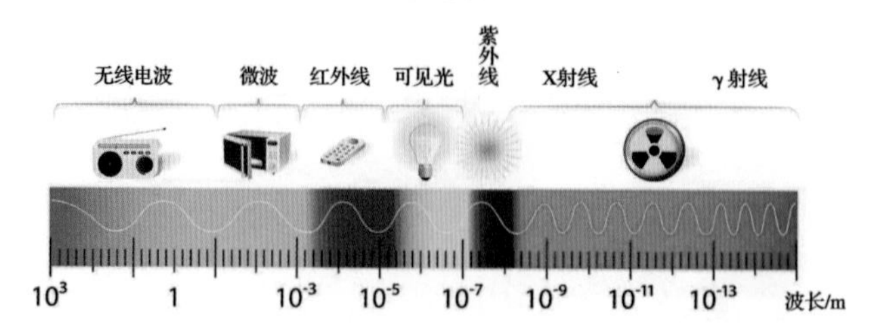

图 2－14　电磁光谱

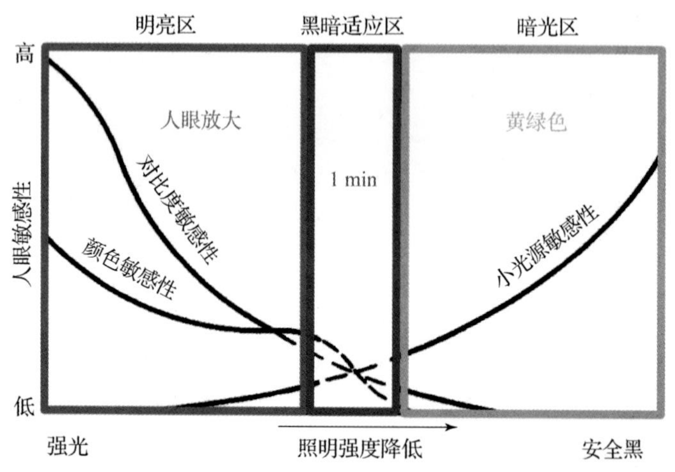

图 2－15　人眼敏感特性

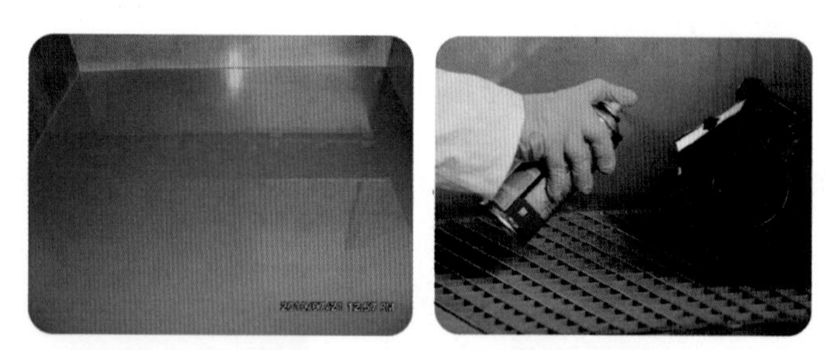

图 3－7　渗透液的种类

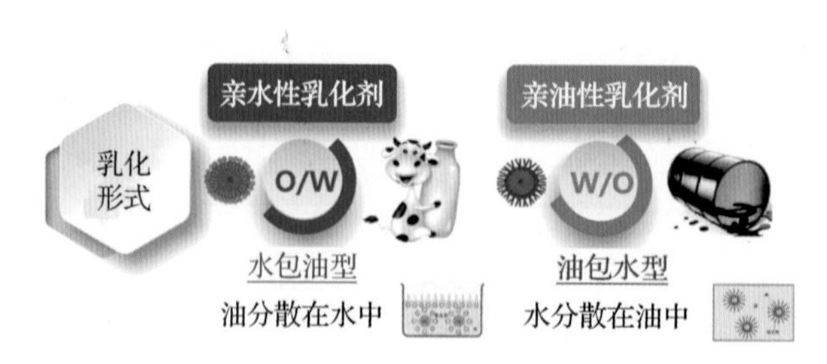

图 3－10　乳化剂的类型

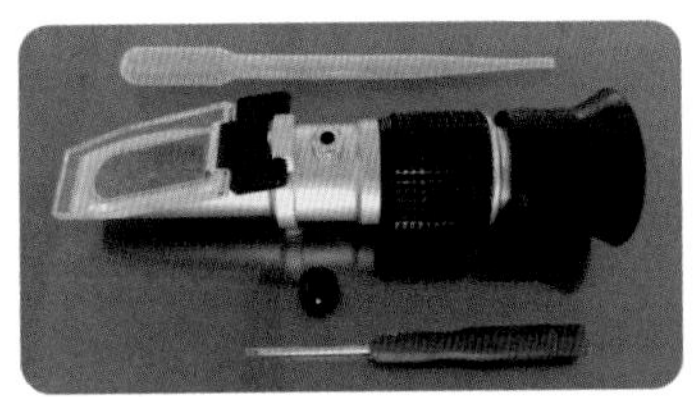
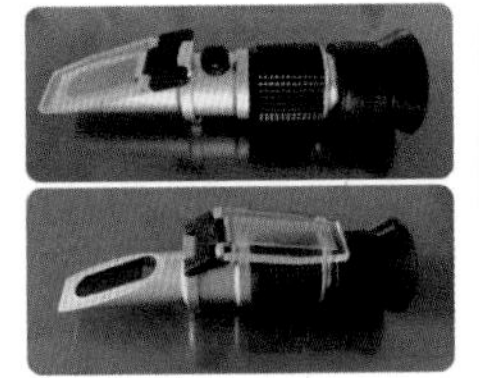
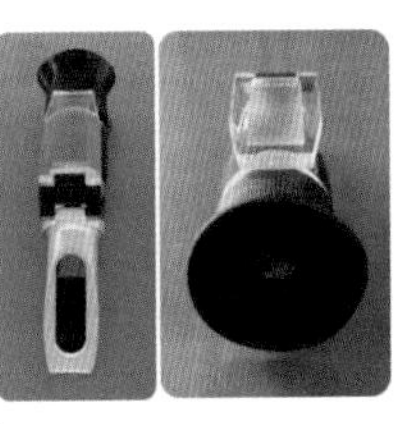
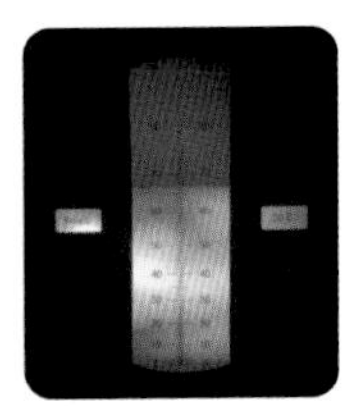

图 3－11　遮光仪实物

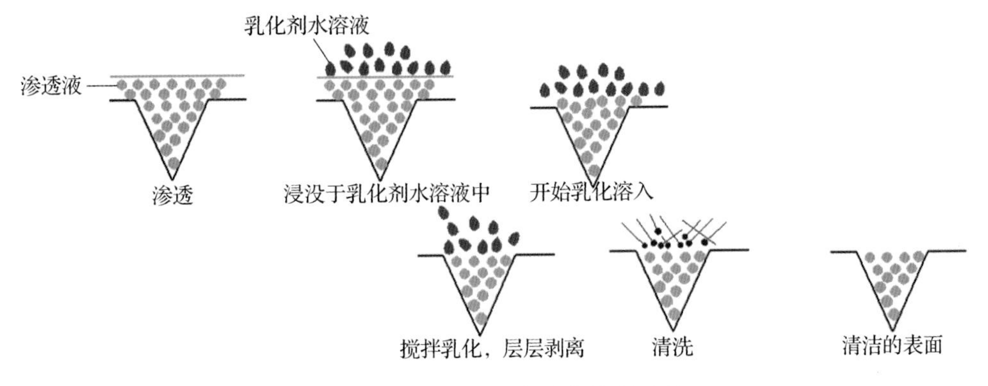

图 3－12　亲水性乳化剂的作用过程

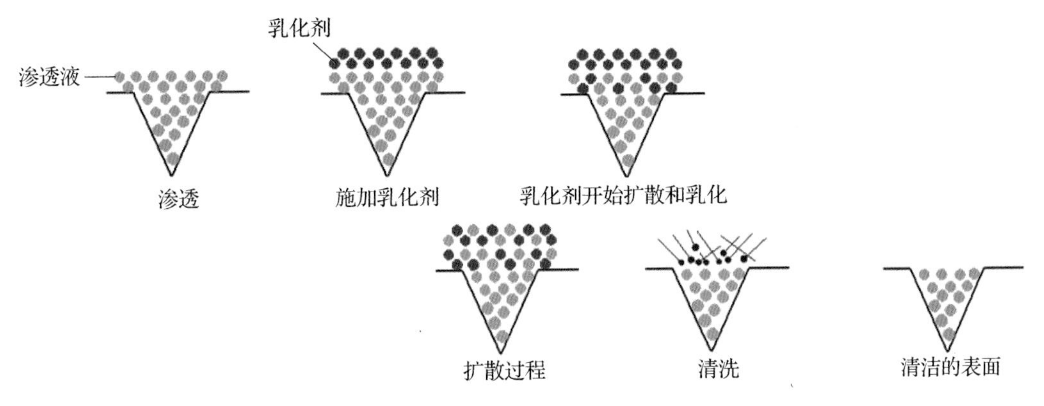

图 3－13　亲油性乳化剂的作用过程

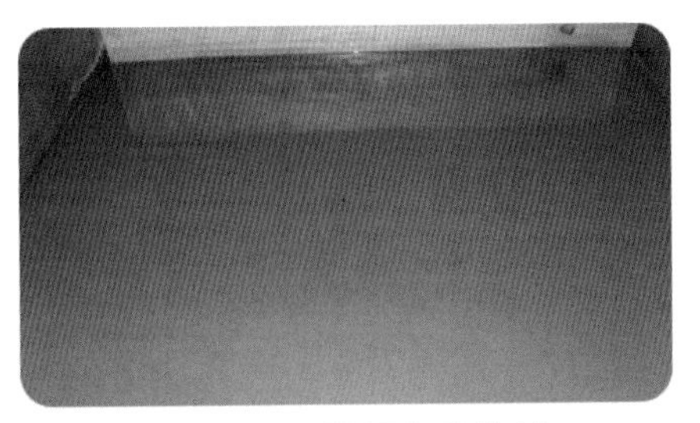

图 3－14　粉红色乳化剂

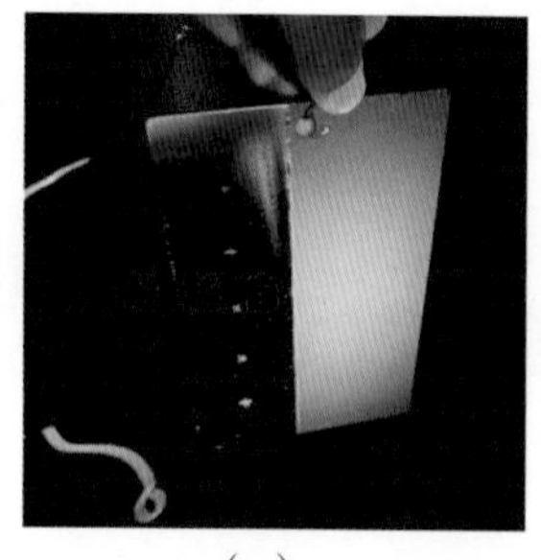

（a）　　　　　　（b）

图 4 -5　B 型试块常用形式

（a）五点 B 型试块；（b）三点 B 型试块

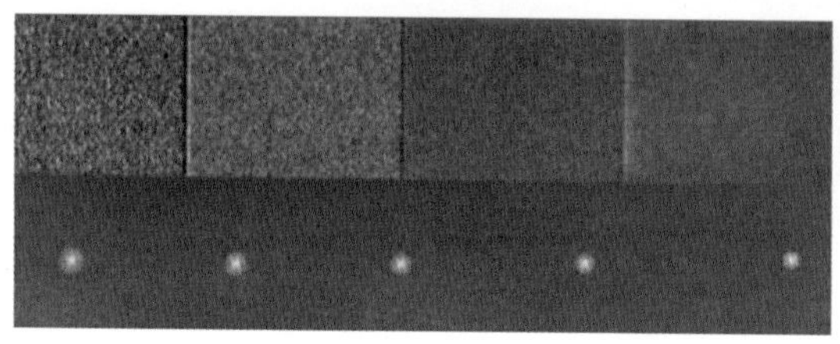
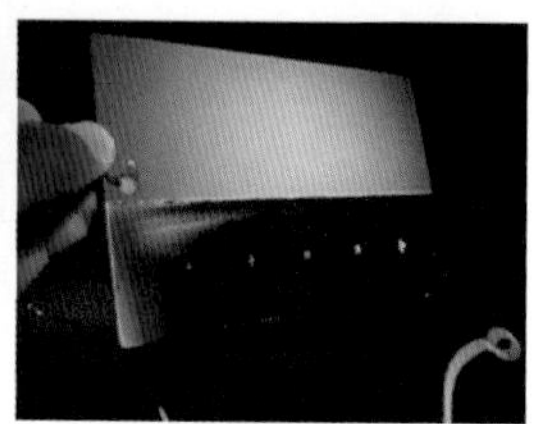

图 4 -9　组合试块（五点试块）

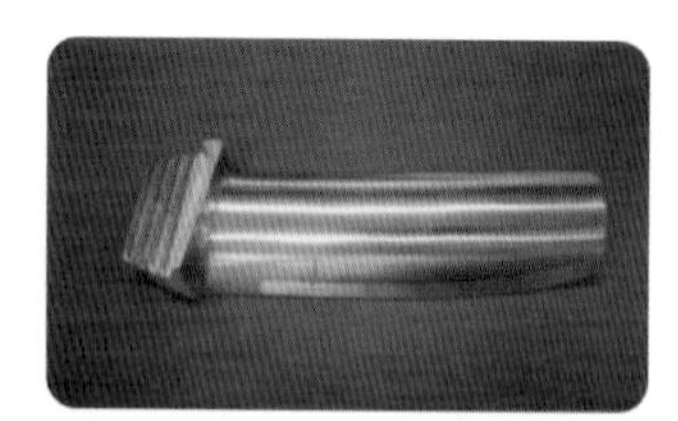
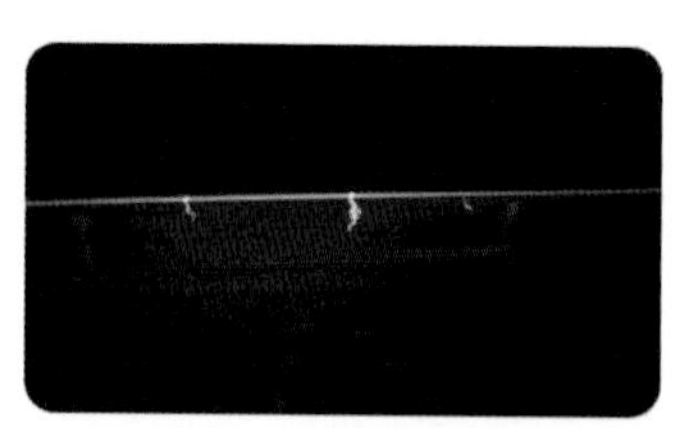

图 4 -10　自然缺陷试块

图 4 -27　静电喷涂装置及喷涂工位

图 4 -29　静电喷涂试件

(a) (b) (c) (d)

图5－3　不同去除方法与缺陷中渗透液维持量的关系示意

(a) 溶剂清洗；(b) 水洗型渗透液的水洗；(c) 后乳化渗透液的去除；(d) 干净干布擦除

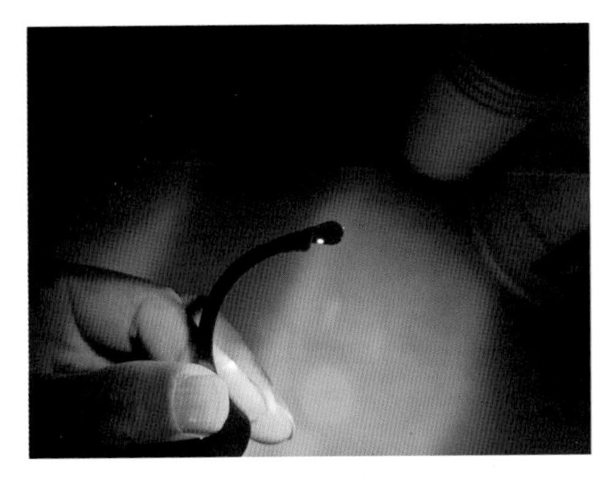

图6－9　气孔

图6－10　裂纹

(a) 铸造裂纹；(b) 磨削裂纹；(c) 疲劳裂纹

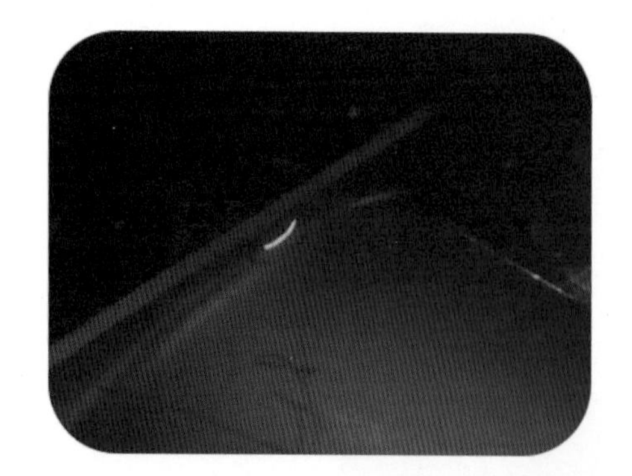

图 6 – 13　冷隔

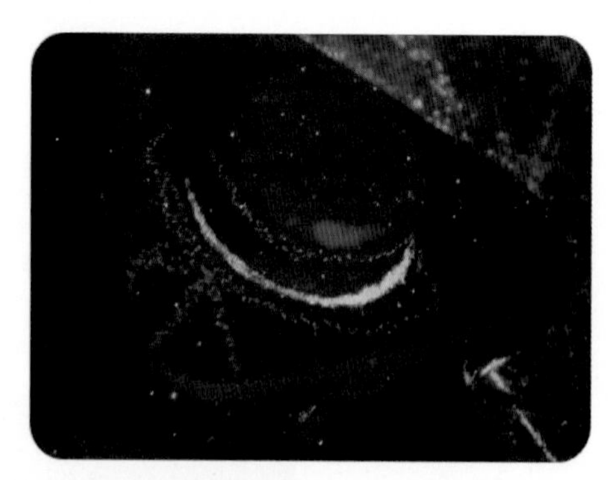

图 6 – 14　折叠

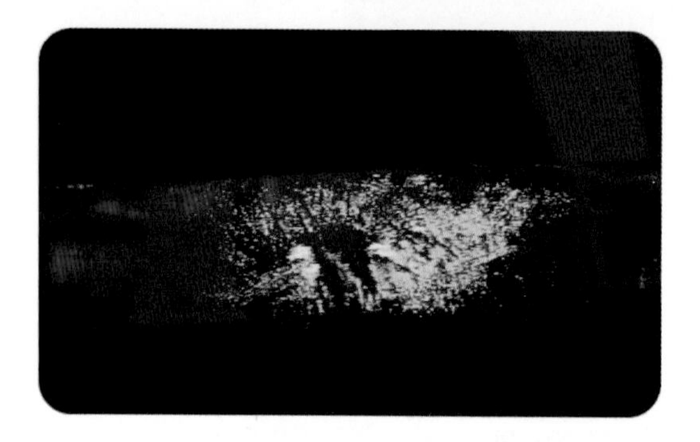

图 6 – 15　疏松

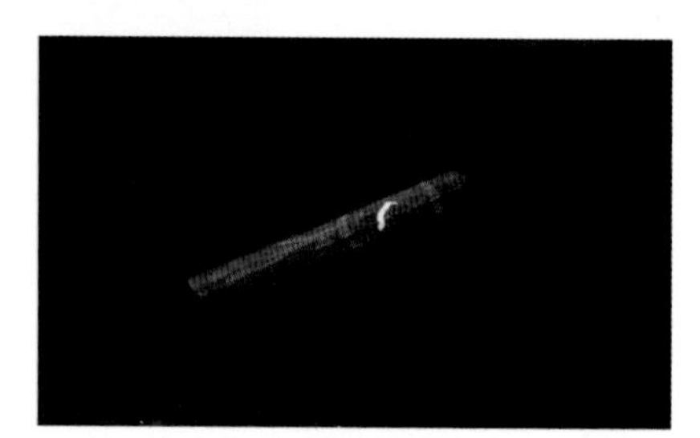

图 6 – 16　夹渣

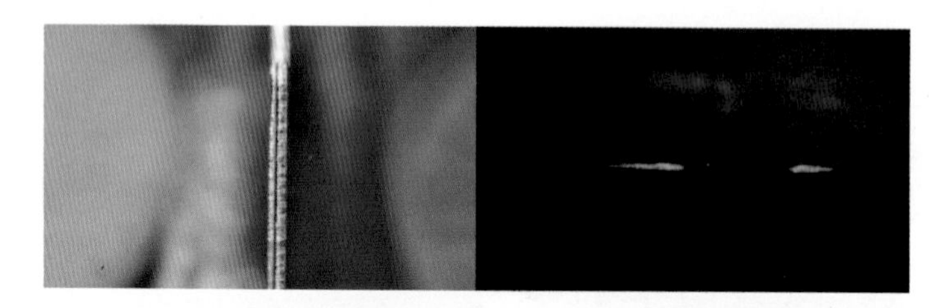

图 6 – 17　分层

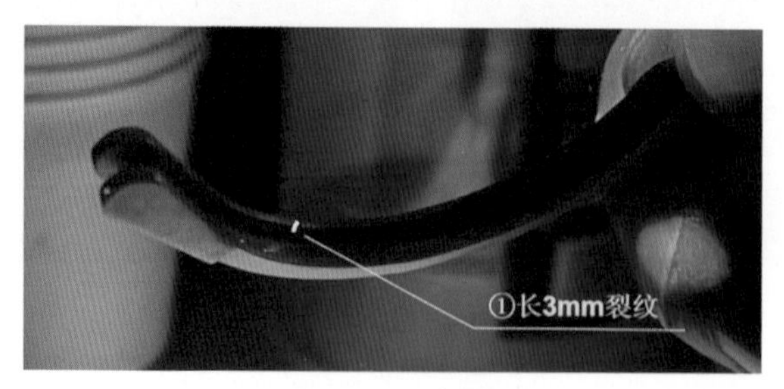

表 6 – 2　中图

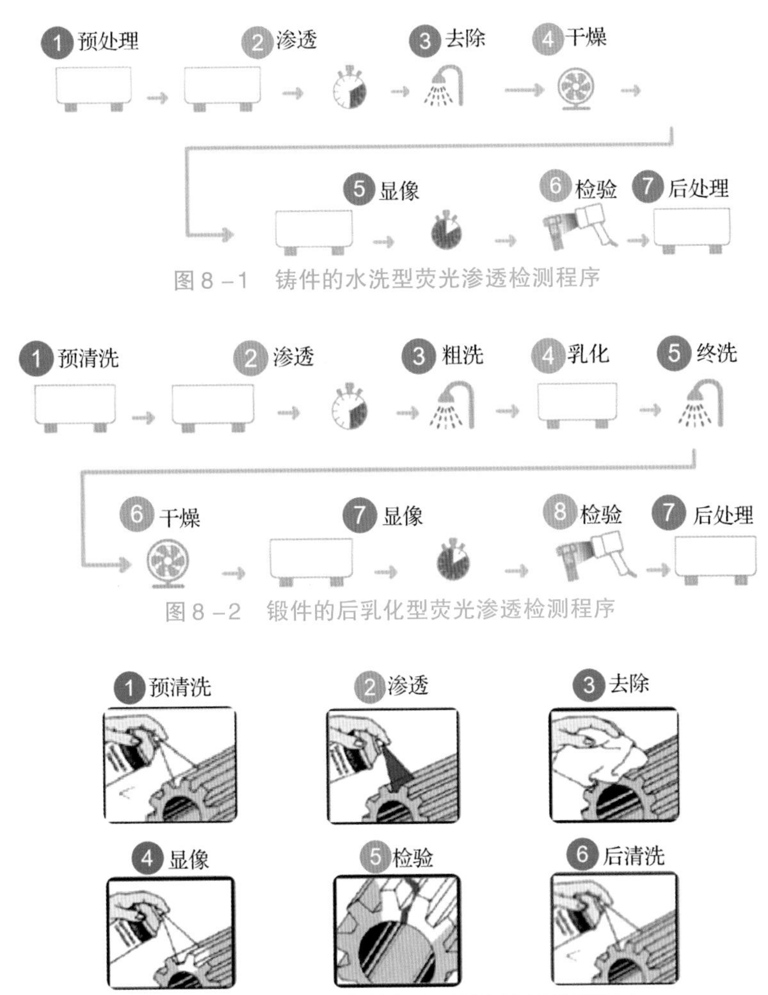

图 8－1 铸件的水洗型荧光渗透检测程序

图 8－2 锻件的后乳化型荧光渗透检测程序

图 8－3 焊接件的溶剂去除型着色渗透检测程序

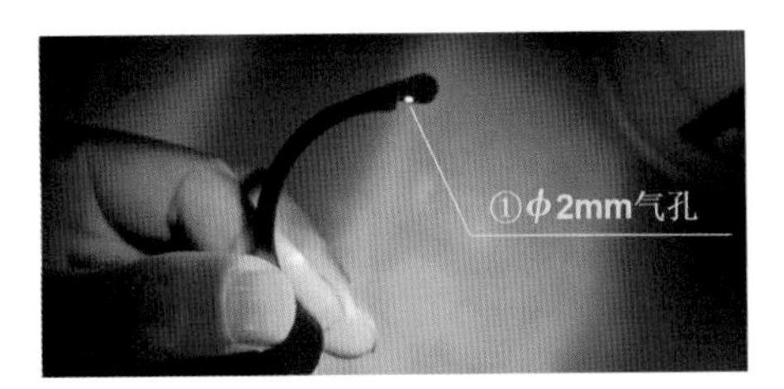

表 9－3 中图

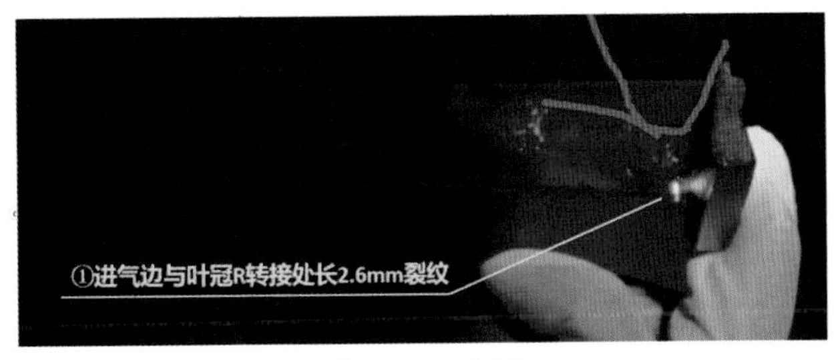

表 9－7 中图